新世紀科技叢書

土木材料試驗

黃忠信　編著

三民書局

國家圖書館出版品預行編目資料

土木材料試驗 / 黃忠信編著. －－初版一刷. －－
臺北市：三民，2014
　　面；　　公分. －－(新世紀科技叢書)
參考書目：面
ISBN 978－957－14－5935－6　(平裝)

1. 建築材料 2. 實驗

441.53034　　　　　　　　　　　　　103013315

©　土木材料試驗

編 著 者	黃忠信
責任編輯	徐偉嘉
美術設計	林子茜
發 行 人	劉振強
著作財產權人	三民書局股份有限公司
發 行 所	三民書局股份有限公司
	地址　臺北市復興北路386號
	電話　(02)25006600
	郵撥帳號　0009998－5
門 市 部	(復北店) 臺北市復興北路386號
	(重南店) 臺北市重慶南路一段61號
出版日期	初版一刷　2014年7月
編　　號	S 444980

行政院新聞局登記證局版臺業字第○二○○號

有著作權‧不准侵害

ISBN　978-957-14-5935-6　（平裝）

http://www.sanmin.com.tw　三民網路書店

※本書如有缺頁、破損或裝訂錯誤，請寄回本公司更換。

自 序

　　現今土木建築技術日新月異，結構物朝輕量化與高樓層方向發展，必須選用品質優良之土木建築材料，否則將影響結構物之安全、美觀與耐久性，因此，必須檢驗土木建築材料之相關材質，包括化學、物理與力學等性質，是否符合結構設計上之材質要求與規定標準。土木建築材料種類繁多，主要包括水泥、骨材、混凝土、瀝青、磚與鋼筋等，不同種類土木建築材料，具有不同微結構、材質特性與應用途徑，針對每一種類土木建築材料，必須選用適當試驗方法與環境條件，方能準確量測其特定材質，以檢驗是否達到所需之標準，進而挑選最適宜之土木建築材料。個人從事土木建築材料與試驗相關教學多年，積極參與公共工程材料與結構之檢驗服務工作，深感土木建築材料試驗之重要，因此，利用教學與研究空餘時間，蒐集相關試驗報告、參考資料與國家規範，加以分類整理。撰寫本書期間，特別感謝家父黃水木、本人所指導博士生郭文毅、林鼎鈞與陳泰安等諸位先生，協助資料整理、繪製圖表與照片拍攝等工作，方能使內容完整且如期付梓。最後，土木建築材料試驗範圍廣泛，本書無法詳予敘述整理，謬誤之處在所難免，尚請教育先進及工程賢達，不吝指正為幸。

黃忠信

103 年六月於臺南市成功大學土木系

目 次

土木材料試驗

第四章　瀝　青 　　193

第一章　水　泥

　　卜特蘭水泥 (Portland cement) 中之主要成分，包括氧化矽 (SiO_2)、氧化鋁 (Al_2O_3)、氧化鈣 (CaO)、氧化鐵 (Fe_2O_3) 及氧化鎂 (MgO) 等。卜特蘭水泥生料於窯中煅燒成塊的過程中，其所包含之多種氧化物會互相化合而產生新生成物，主要水泥顆粒為矽酸二鈣 ($2CaO \cdot SiO_2$)、矽酸三鈣 ($3CaO \cdot SiO_2$)、鋁鐵酸四鈣 ($4CaO \cdot Al_2O_3 \cdot Fe_2O_3$) 及鋁酸三鈣 ($3CaO \cdot Al_2O_3$)。矽酸二鈣簡寫成 C_2S，矽酸三鈣簡寫成 C_3S，鋁鐵酸四鈣簡寫成 C_4AF，鋁酸三鈣簡寫成 C_3A。卜特蘭水泥燒塊中之化合物，除上述四種主要化合物外，尚包括游離石灰、鹼、石膏及氧化鎂等次要化合物，這些化合物的含量多寡，皆對卜特蘭水泥之性質影響甚巨。

　　卜特蘭水泥與適當的水拌合後，水泥中之鹽類將漸次與拌合水產生水化作用 (Hydration)，而形成水泥漿體 (Cement paste)，在短時間內，水泥漿體會顯現出塑性狀態，此即開始產生凝結作用稱之為初凝 (Initial setting)，經一段時間後，塑性狀態消失而漸生成具脆性之水泥漿體，此為凝結完成階段謂之終凝 (Final setting)，然後，水泥漿體逐漸形成固態，其強度與硬度隨作用時間而持續增加，此即為水泥之硬化 (Hardening)。卜特蘭水泥中所添加之適量石膏，乃是增加其水化作用之凝結時間，亦即達成緩凝之工程目的。

　　卜特蘭水泥顆粒主要成分為矽酸二鈣 C_2S、矽酸三鈣 C_3S、鋁鐵酸四鈣 C_4AF、鋁酸三鈣 C_3A 與石膏 ($C\bar{S}H_2$) 等，當卜特蘭水泥與水拌合產生水化作用，其中矽酸二鈣及矽酸三鈣之水化產物為矽酸鈣水化物（C-S-H 膠體）和氫氧化鈣 (CH)，而鋁鐵酸四鈣與鋁酸三鈣之主要水化產物則為鈣釩石

(Ettringite, $C_6A\bar{S}_3H_{32}$) 和水化石榴石 (C_3AH_6)，因此，卜特蘭水泥中矽酸二鈣、矽酸三鈣、鋁鐵酸四鈣、鋁酸三鈣與石膏等化合物含量之多寡，將影響水泥漿體之反應速率、放熱行為、微結構性質與強度發展等。所以，依據各化合物含量之不同，卜特蘭水泥可區分為五種不同型式，包括普通水泥 (Type I)、中度抗硫與水化熱水泥 (Type II)、早強水泥 (Type III)、低熱水泥 (Type IV) 與抗硫水泥 (Type V) 等。

1-1 水泥取樣法 (Method of Sampling for Cement)

為控制水泥品質，必須取樣進行物理與化學性質之檢驗，所選取之水泥樣品 (Sampling) 進行水泥相關試驗時，應以具代表性之水泥試樣為之，才能準確代表全體待檢測水泥之性質。茲參考中國國家標準 CNS 784 之規定，謹就水硬性水泥之採樣法 (Method of sampling for hydraulic cement) 敘述如下，另外，亦可參考 ASTM C183 (Standard practice for sampling and the amount of testing of hydraulic cement) 之相關規定：

1-1-1 採樣之數量

一、各個水泥試樣須經綜合後方進行相關物理與化學試驗者，所取樣之水泥重量應不少於五公斤 (相對應代表二仟袋水泥或相當於壹佰公噸水泥)。各個水泥樣品須經所有物理與化學試驗者，取樣之水泥重量應不少於五公斤。

二、相關物理與化學試驗所用之水泥樣品，可指定為個別樣品或綜合樣品，除買賣雙方另有約定外，每一試驗用之水泥樣品，至多代表二仟袋水泥或相當於壹佰公噸水泥。

三、進行各個水泥試樣採樣時，應由買賣雙方共同為之。

1-1-2 採樣步驟

可按下列所述不同之水泥取樣處所而為之：

一、自運送至散存倉庫之輸送帶上取樣。運送帶上之水泥，每通過約二仟袋水泥以下時，應採取至少五公斤重之水泥樣品一組，但如該組樣品必須代表所生產水泥，則不超過六小時之水泥產量者除外。此類水泥樣品之採取步驟，如在一次手續中即獲得全部之試驗樣品量，稱之為抓取法

(Crab method)，如果是在相等的間隔內，分別採取數次部分水泥樣品後再混合之，則稱之為綜合法 (Continuous method)。綜合法每次部分水泥樣品必須在相等間隔內取樣，每次採取部分之同重量水泥樣品，然後，再混合之，而每次部分採取之水泥樣品約代表四十袋水泥。此項採樣步驟可用人工方式進行，亦可使用自動採樣器 (Automatic sampling device) 為之。

二、在散存倉庫之出料口處取樣。此法乃是在散存倉庫之出料口處，取得足量之水泥為代表性之樣品。若每次代表相當二仟袋之水泥，則須取水泥樣品五公斤以上。

三、由散存倉庫內使用採樣管取樣。如以上兩種水泥處所之取樣法皆不適用，且散存倉庫內之水泥高度不超過三公尺時，則可使用適當之採樣管 (Sampling pipe)，如圖 1–1 所示，於散存倉庫中水泥表面積中分布均勻之數點上，將採樣管分別垂直插入在水泥層中各不同高度，以取得所需之水泥樣品。

四、自運輸卡車上取樣。除上述三種取樣方式之外，亦可每批五十袋或不滿五十袋水泥中取出所需之樣品，如係同一水泥製造廠之產品而使用不同卡車運送者，各卡車所運送之水泥量可合併計算，但每個待檢測水泥樣品至多代表二仟袋水泥，取樣時應分別自水泥袋之上、中及下層之不同位置，以袋裝水泥取樣管 (Sampling tube) 平均取樣，如圖 1–2 所示。如係散裝運輸時，應自分布均勻之各點取樣，俾使所取水泥樣品具有代表性。

五、以上所述四種不同採樣方式，所採取水泥樣品之總量，應多於進行相關物理與化學試驗所需要之重量，採樣水泥先經充分混合後，再利用四分法（如圖 1–3 所示）或取樣勻分器（如圖 1–4 所示）取得試驗所需之水泥量。

1–1–3　樣品之製備

一、水泥樣品應先裝置於避溼且氣密之容器內，必要時應以木框加以保護之。在進行相關物理與化學試驗之前，水泥樣品應再次充分混合，並通過試驗篩 0.8 CNS 386（美國標準篩 #20 號），再將殘留於此試驗篩上之水泥結塊予以粉碎，同時除去篩上之摻入雜質等。

二、1–1–4 節試驗所需之綜合水泥樣品，須將樣品分組排列而製備之，綜合水泥樣品每組所代表之水泥袋數，須與各項物理與化學試驗所指定者相同。自一組之各個水泥樣品中，須取出等量且足量之水泥，俾所混合製成之綜合水泥樣品重量，能完全足夠提供所需進行物理或化學試驗之使用量。已製備完成之綜合水泥樣品，於試驗使用前仍須再次充分混合。

1–1–4　試驗之次數

一、如係自貨車或卡車所採取之水泥試驗樣品，所有相關物理試驗應針對每一試驗樣品進行操作，而且此每一試驗樣品應代表不超過二仟袋之水泥（每袋五十公斤）。

二、如係自貨船或倉庫等處所採取之水泥試驗樣品，應分別進行相關物理試驗之量測，各個物理試驗所需之水泥樣品數量，則依據表 1–1 中之規定：

■ 表 1–1　水泥物理試驗所需樣品數量

物理試驗項目	代表性數量
凝結時間	每一試驗樣品代表每七仟袋
空氣含量 (CNS 787)	每一綜合樣品代表每七仟袋
細度	每一綜合樣品代表每七仟袋
強度	每一綜合樣品代表每七仟袋
熱壓膨脹之健度 (CNS 1258)	每一綜合樣品代表每七仟袋

三、化學分析：各項化學分析，每一綜合水泥樣品代表每七仟袋水泥。

四、如總袋數尚不及上列所規定之水泥袋數時，則各項物理及化學試驗之樣品數量，均依實際袋數計算之。

1–1–5　試驗期間之規定

水泥於取樣完成後進行各相關物理與化學試驗，各試驗應於規求時間內完成，一般水泥樣品之試驗時間規定，如表 1–2 所示。

■ 表 1–2　水泥樣品試驗時間之規定

試驗齡期	容許完成時間
一天試驗	六天之內
三天試驗	八天之內
七天試驗	十二天之內
十四天試驗	十九天之內
二十八天試驗	三十三天之內

■ 圖 1–1　散裝水泥取樣用具細長槽開孔之採樣管

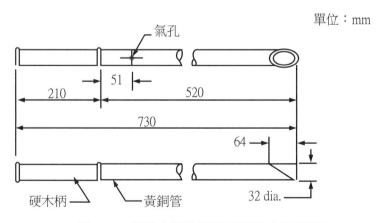

單位：mm

氣孔

210　51　520

730

64

硬木柄　黃銅管　32 dia.

■ 圖 1–2　袋裝水泥取樣用短管狀之取樣管

積儲堆

混成圓錐堆

二分平儲堆

四分

留相對四分之一堆分

◥ 圖 1–3 四分法

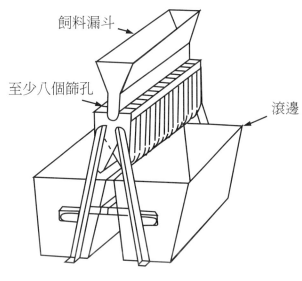

◥ 圖 1–4 取樣勻分器

1-2 水泥比重試驗
(Test for Specific Gravity of Cement)

1-2-1 參考資料及規範依據

CNS 11272 水硬性水泥密度試驗法。

ASTM C188 Standard test method for density of hydraulic cement。

1-2-2 目的

　　測定各水泥製造廠所生產之水泥比重值，據以判定水泥本身是否混摻其他雜物及其受風化作用之程度，主要目的乃在提供後續混凝土強度配比設計所需之水泥材料數據，以及拌合砂漿或混凝土控制之用，並可配合布蘭氏氣透儀法等進行測定水泥之細度。

1-2-3 試驗儀器及使用材料

一、儀器：

1. 李沙特利亞比重瓶 (Le Chatelier flask)（或稱李氏比重瓶）：如圖 1-5 所示，瓶身容積為 250 毫升 (ml)，全部容積約為 290 毫升，最小刻度為 0.1 毫升。

2. 恆溫水槽：該恆溫水槽可自動控制之溫度為 23±1.7°C 間。

3. 精密電子磅秤（天平）：靈敏度為 0.2 公克。

4. 漏斗。

5. 小匙。

6. 鐵絲或細棒。

7. 乾布或抹布。

二、材料:

　　1. 64 公克水泥。

　　2.脫水煤油 (Kerosine) 或不揮發油。

　　3.石蠟、松節油等。

1–2–4 說明

一、利用阿基米德原理，將一固定重量之物體，倒置入一含液體之容器中，則所排開液體之體積，即等於該物體之體積。若以所置入之水泥試樣重量（公克），除以此待測水泥試樣在比重瓶內所排開之體積 (cc)，即可求得此待測水泥試樣之單位重，再將此水泥單位重除以 4°C 水之單位重（1 公克／cc），計算所獲得之比值，即為此待測水泥試樣之比重 (Specific gravity of cement)。

二、一般而言，新鮮未風化之卜特蘭水泥，其出廠時之比重約為 3.15，經歷運輸及長期間儲藏過程中,因其可能吸收空氣中之水分而產生風化作用，導致水泥比重些微降低，其比重值可能降至 3.00 至 3.05 之間。如果水泥比重值降至 3.05 以下，則顯示其風化程度甚為嚴重，此時水泥可能已喪失部分原有之物理與化學特性，進而降低所製成砂漿或混凝土之品質。

三、針對風化程度較嚴重之水泥，若將其加熱至 700°C 至 800°C 之間，則可釋出原先多吸收之水分,進而將水泥比重恢復至原先出廠時之初始比重，惟其可能已喪失部分水化膠結強度與性能。

四、歐美各國對水泥之比重值並無明確之規範，但日本 JIS 則規定水泥比重值不得低於 3.05。

五、通常水泥之細度愈大者，愈容易產生風化作用，其比重值亦較易降低。

六、於製造過程中煅燒不完全或含有其他雜物之水泥，其比重值亦將降低。

七、卜特蘭水泥之單位體積重，隨其所受壓實程度不同而異，一般而言，約為每立方公尺 14.7 仟牛頓 (KN／m^3)，亦即 1.5 公噸／立方公尺 (ton／m^3)。

1–2–5 試驗步驟

一、將脫水煤油經由漏斗口，注入李沙特利亞比重瓶內，直至液面達中段之 0～1 cc 刻劃之間，如有脫水煤油沾附於李沙特利亞比重瓶內管壁，應以乾淨之布條綁於小鐵絲上，緩緩置入瓶內，將比重瓶內管壁擦拭乾淨，避免水泥注入瓶內時，附著於管壁而發生阻塞現象。

二、將比重瓶置入恆溫水槽內，經三十分鐘以上，再記錄水槽內水溫（在 $23 \pm 1.7°C$），並讀取李沙特利亞比重瓶內油面上之刻度（以實際油面與管壁接觸面）讀數為 V_1 (cc)。

三、使用精密電子磅秤，量取待測水泥試樣其重量約為 $W = 64$ 公克 (g)，徐徐將此水泥試樣，經漏斗口傾倒進入比重瓶內，勿使水泥黏著於比重瓶內管壁上，並將瓶塞於比重瓶頂端加以塞緊。此添加水泥試樣於比重瓶內之步驟，所花費之時間約為 8 至 10 分鐘。

四、俟水泥試樣全部傾倒入比重瓶後，以手持比重瓶，並輕搖瓶底或迴轉，俾使比重瓶內氣泡全部被驅出。

五、然後，再將此比重瓶置入恆溫水槽內，經 30 分鐘以上後記錄水槽內水溫（同樣為 $23 \pm 1.7°C$），並讀取此時比重瓶內油面上刻劃之讀數為 V_2 (cc)。

六、上述前後二次比重瓶內油面刻劃（度）之差值，即為水泥試樣所排開之體積，亦即兩讀數相減值 $V_2 - V_1$，可視為待測水泥試樣之實體體積。

1–2–6　計算公式

$$待測水泥試樣體積 = V_2 - V_1 \ (cc) \tag{1–2–1}$$

$$待測水泥比重\ \rho = \frac{水泥試樣重量}{水泥體積} = \frac{W / \gamma_w}{V_2 - V_1} \tag{1–2–2}$$

上式中 γ_w 為水之密度，通常室溫環境下採用 $1.0\ (g / cm^3)$。

1–2–7　注意事項

一、本試驗之恆溫水槽，其水溫宜保持在 $23 \pm 1.7°C$ 之範圍。

二、試驗用之待測水泥樣品中，若有大顆粒之塊狀，應先揉散之，待拌勻後再稱其重量。

三、恆溫水槽施以恆溫條件時，如果比重瓶油面刻劃度 V_1 值低於 0 時，需再額外加入脫水煤油，以保持比重瓶內油面位於 0～1 cc 之刻劃間。

四、讀取比重瓶內油面刻劃讀數時，通常以油面之凹形底部為準。

五、恆溫水槽中之水溫，前後兩次讀數記錄之溫度差，宜小於 $0.2°C$。

六、每種待測水泥試樣皆需進行兩次以上之試驗，並取其試驗結果之平均值，應計算至小數點以下兩位，且待測水泥試樣之比重值結果，若為不同試驗室所量測獲得者，則其差異值應在 0.1 以內。另外，同一試驗操作人員，對同一水泥比重試驗之兩次試驗結果，其比重值差值不得大於 0.03。

1–2–8　水泥比重試驗成果報告範例

　　水泥比重試驗針對待測水泥試樣進行兩次試驗，第一次試驗水泥重量 $W = 64.0$ g，液面刻度 $V_1 = 0.4$ cc，液面刻度 $V_2 = 21.0$ cc，第二次試驗水泥重量 $W = 63.9$ g，液面刻度 $V_1 = 0.2$ cc，液面刻度 $V_2 = 20.7$ cc，恆溫水槽內水溫度為 24.2°C，試驗室環境溫度為 27.2°C，相對溼度則為 65%，則此待測水泥試樣之比重值試驗成果報告如下所示。

水泥比重試驗

水泥種類：　　　普通水泥　　　　　恆溫水槽溫度：　　　24.2°C　　　
水泥廠牌：　　　××水泥　　　　　試驗室溫度：　　　　27.2°C　　　
製造日期：　102 年 6 月 20 日　　　相　對　溼　度：　　　65%　　　
試驗日期：　102 年 6 月 27 日　　　試　　驗　　者：　　　×××　　　

	第一次	第二次
試樣重量 W (g)	64.0	63.9
放入水泥前液面 V_1 (cc)	0.4	0.2
放入水泥後液面 V_2 (cc)	21.0	20.7
試樣體積 $V = V_2 - V_1$ (cc)	20.6	20.5
水密度 γ_w (g / cm^3)	1.0	1.0
比重 $\rho = \dfrac{W / \gamma_w}{V_2 - V_1}$	3.107	3.117
平均比重	3.11	

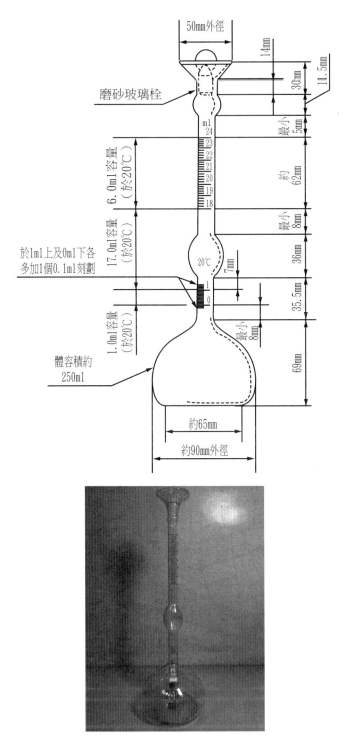

■ 圖 1-5　密度試驗之李沙特利亞 (Le Chatelier) 比重瓶

1-3 水泥細度試驗──氣透儀法 (Test for Fineness of Cement by Air Permeability Apparatus)

1-3-1 參考資料及規範依據

CNS 2924 卜特蘭水泥細度檢驗法（氣透儀法）。

ASTM C204 Standard test methods for fineness of hydraulic cement by air-permeability apparatus。

1-3-2 目的

利用布蘭氏 (Blaine) 氣透儀測定卜特蘭水泥，或其他種類特殊水泥之比表面積 (Specific surface area)，試驗結果可作為水泥之細度，或代表水泥顆粒之粗細程度，藉以判定水泥品質之優劣，並進而了解其對水泥質混凝土工程性質之影響。所謂比表面積，係指單位重量之水泥顆粒所具有之總表面積，通常以 cm^2/g 或 m^2/kg 表示之，亦即一公克重量之水泥，全部水泥顆粒所含蓋的表面積平方公分總數。

1-3-3 試驗儀器及使用材料

一、儀器：

1. 布蘭氏氣透儀 (Blaine air permeability apparatus)：如圖 1-6 所示之布蘭氏氣透儀，由 U 型玻璃管氣壓計、氣透筒頂塞及氣透筒等三部分所組成。此儀器主要將定量之空氣，藉由抽氣通過一具特定氣孔率 (e) 水泥層之方法。在此具一特定氣孔率之水泥層中，其氣孔之數量及大小，為水泥顆粒大小之函數，並將影響一定量空氣於此水泥層中通過

之速度。

2.孔板：孔板金屬需為一非腐蝕性之金屬品，其板厚為 0.9±0.1 mm，圓
　板上均勻鑽有直徑為 1 mm 之孔共 30～40 個，此孔必需與氣透筒之內
　部緊密配合。

3.精密天平：精度至 0.001 公克。

4.馬錶：精度至少為 0.5 秒。

5.濾紙：濾紙應具中度透氣性，濾紙片應為周邊整齊之圓形，其直徑與
　氣透筒之內徑相同。

6.細棒或鉛筆。

7.壓力計用液體：壓力計內之液體，須添加至玻璃管之中點，通常採用
　不揮發、不吸水、低黏度及密度者，如苯二甲酸二丁酯或輕級之礦油。

8.水銀：量測氣透筒體之容積時使用。

二、材料：

　1.標準水泥約 10 公克。

　2.待測試樣水泥約 10 公克。

1–3–4　說明

一、空氣流過球體顆粒壓實層中之孔隙時，假設其通過路徑之全部內面積，
　與球體顆粒之全部表面積相等，且其通路之全部體積等於壓實層中之孔
　隙體積，則球體顆粒之比表面積，壓實層中之孔隙率，流過壓實層內之
　空氣量，空氣流動之壓力及所需時間等，彼此間均存在一特定之關係。
　布蘭氏氣透儀法即利用此類特定關係，將一定量之空氣，流過壓實且具
　有一定孔隙率之球體顆粒層中，由其所需之流動時間，可計算此球體顆
　粒之比表面積。

二、藉此可先將一已知比表面積（一公克重量之水泥所含蓋全部水泥顆粒的

表面積平方公分數，即 cm^2/g）之標準水泥置於壓實層中，試驗求得空氣流過所需時間，再利用待測水泥試樣置放於此壓實層中，進而獲得相同定量空氣流過所需時間；相互比較相同定量空氣流過標準水泥（已知比表面積）與待測水泥，兩者所需時間之差異，即可求得待測水泥試樣之比表面積。

三、試驗原理：

由一已知比表面積 S_S 之標準水泥，及其使氣透儀 U 型管內壓力液面由 B 線下降至 C 線所需花費的時間 T_S，與欲測定比表面積之水泥試樣，從 U 型管內壓力液面 B 線降至 C 線所需花費的時間 T，代入下式，即可求得此待測水泥試樣的比表面積 S：

$$S = S_S \frac{\sqrt{T}}{\sqrt{T_S}} \tag{1-3-1}$$

式中 S：待測水泥試樣之比表面積（單位為平方公分／公克）。

　　S_S：標準水泥之比表面積，依各水泥製造廠所提供之設定值，其值通常設定為 $3180\ cm^2/g$ 或 $3310\ cm^2/g$。

　　T_S：以標準水泥進行氣透儀試驗時，U 型管內壓力液面自 B 線降至 C 線所需時間，一般以秒為單位。

　　T：待測水泥試樣於進行氣透儀試驗時，U 型管內壓力液面自 B 線降至 C 線所需時間，亦以秒為單位。

四、水泥顆粒之粗細程度，對水泥之凝結時間、配比設計、抗壓強度、水密性、工作度等皆具有密切之關係。

五、水泥顆粒越細小者，則其比表面積值越大。

六、水泥顆粒一般較微小，當其粒徑在 $10 \sim 15\ \mu m$（$1\ \mu m = 10^{-3}\ mm$）以下者，最易與水產生完整之水化作用。所以，水泥顆粒之粒徑越小者，加水拌合後之凝結與硬化反應速率越快速。

七、水泥顆粒之粒徑較小者，所製造之水泥混凝土具有較佳之工作度，但卻因而產生較大的收縮，導致發生龜裂及裂縫之可能性亦較大，將影響水泥混凝土之水密性與耐久性。

八、水泥顆粒之粒徑較細者，則水泥混凝土之早期強度將較高，所以，當水泥顆粒具有相同化學成分條件下，水泥粒徑越細小者，所製作混凝土之早期抗壓強度亦越大。

1–3–5　試驗步驟

Ⓐ 儀器之校正試驗

一、水泥顆粒壓實層之體積，可採用水銀置換法測定之：

　　1.將具有多孔之金屬圓板裝置於氣透筒內，然後，在此金屬圓板上放置兩張濾紙片，並以細棒輕輕將濾紙壓平。

　　2.以水銀裝滿於氣透筒內，並除去附著於氣透筒管壁之所有氣泡。

　　3.用小玻璃片壓於氣透筒頂面之水銀表面，並使之密接於氣透筒頂面，在不使空氣混入氣透筒內之情況下，徐徐地水平推動小玻璃片，以除去多餘水銀，並將氣透筒頂面之水銀刮平。

　　4.移開小玻璃片，再將氣透筒內水銀倒出，然後秤其重量為 W_a，並記錄之。

二、取出氣透筒內一張濾紙，再利用細棒輕微將另一尚未取出之濾紙壓平，秤取待測水泥試樣 2.8 公克，置於該濾紙上。

三、先以氣透筒之柱塞徐徐壓平筒內之水泥試樣，再拔出頂塞，並注滿水銀於氣透筒內。

四、徐徐倒出氣透筒內之水銀，秤此倒出水銀之重量為 W_b。

五、利用下式（式 1–3–2）可計算水泥層之容積（須計算至 0.005 cm³ 之精度）。

$$V = \frac{W_a - W_b}{D} \tag{1–3–2}$$

式中 V：氣透筒中壓實水泥層之容積（單位為 cm³）。

　　　W_a：氣透筒中，未裝水泥層而裝滿水銀時之水銀重量（單位為 g）。

　　　W_b：氣透筒中，裝有水泥層時之水銀重量（單位為 g）。

　　　D：進行試驗時，於環境溫度條件下之水銀密度（單位為 g / cm³），不同溫度下水銀密度與空氣黏度 (η) 之關係，詳見表 1–3 所列。

■ 表 1–3　各溫度下之水銀密度、空氣黏度 (η) 及 $\sqrt{\eta}$

室溫°C	水銀密度，g / cm³	空氣黏度，Poises	$\sqrt{\eta}$
16	13.56	0.0001788	0.01337
18	13.55	0.0001798	0.01341
20	13.55	0.0001808	0.01345
22	13.54	0.0001818	0.01348
24	13.54	0.0001828	0.01352
26	13.53	0.0001837	0.01355
28	13.53	0.0001847	0.01359
30	13.52	0.0001857	0.01363
32	13.52	0.0001867	0.01366
34	13.51	0.0001876	0.01370

六、重複施作上述一至五之作業步驟，至少試驗測定兩次以上，然後取其壓實水泥層之容積平均值（精度須在 ±0.005 cm³ 以內）。

B 試樣之準備

一、將 10 公克標準水泥裝於 100 毫升 (ml) 之容器內，以蓋塞密閉之，劇烈搖動 2 分鐘，使成團之水泥鬆散後備用。

二、將待測水泥試樣 10 公克，亦裝置於 100 毫升 (ml) 之容器內，再以蓋塞密閉之，亦劇烈搖動 2 分鐘後，原先成團之水泥將鬆散，如此方可供試驗使用。

三、待測水泥試樣及標準水泥之使用量 (W)，以能使水泥層之氣孔率 ρ 介於 0.500 ± 0.005 之範圍內，所需待測水泥試樣或標準水泥之重量，可由下式（式 1–3–3）計算獲得。

$$W = \rho V(1 - e) \tag{1–3–3}$$

式中 W：所需添加之待測水泥試樣或標準水泥之重量，其單位為公克，並應計算至 0.001 公克。

ρ：待測水泥試樣或標準水泥之比重，一般卜特蘭水泥之比重值，可設定為 3.15。

V：為依式 1–3–2 計算所得之壓實水泥層之體積，其單位為 cm^3。

e：水泥層之孔隙率，一般其值為 0.500 ± 0.005。

Ⓒ 氣透試驗程序

一、氣透筒擦拭乾淨後，將具有多孔之金屬圓板（孔板）安裝於氣透筒內，並在孔板上放置一張濾紙片，再以細棒壓平之。

二、由上述 B 節所備用之待測水泥試樣或標準水泥中，依式 1–3–3 計算所得之待測水泥試樣或標準水泥重量，將其置於氣透筒內，輕擊氣透筒側邊，直至水泥層表面成水平。將另一張濾紙片，置於待測水泥試樣或標準水泥試樣上，並以頂塞徐徐加壓，使軸環密著於氣透筒頂端後，才輕輕拔去頂塞。

三、將氣透筒底端擦拭乾淨，再將之套緊於壓力計之頂端，為使其接觸部分密接不漏氣，可事先於壓力計頂端內側塗抹一薄層油脂。

四、將 U 型管壓力計中之空氣漸漸抽出，當壓力計中之液面升到最高刻度

時，立即關緊通氣閥門。當壓力計之凹液面下部降至第二刻度（最高刻度之下一刻度）時，立即啟動馬錶，直至凹液面之下部降到第三刻度（最低刻度之上一刻度）時，再按停馬錶，所測得標準水泥之時間秒數 T_S，與待測水泥試樣之時間秒數 T，皆應分別予以記錄。

五、同時讀取並記錄，試驗時之室內溫度與溼度。

六、同一待測水泥試樣或標準水泥之試驗，應重複依上述程序操作三次，再求其試驗結果平均值。而每次試驗值與平均值之誤差，應在 ±2% 以內。

1–3–6　計算公式

上述試驗所得數據 T 與 T_S，由於標準水泥之比表面積 S_S 為一已知值，所以，依試驗條件不同選擇下列一適當公式，可計算待測水泥試樣之比表面積 (S)：

1.普通卜特蘭水泥及低熱卜特蘭水泥。

$$S = \frac{S_S\sqrt{T}}{\sqrt{T_S}} \tag{1–3–4}$$

2.標準水泥與待測水泥試樣試驗時，因溫度不同而影響空氣黏滯性。

$$S = \frac{S_S\sqrt{T}}{\sqrt{T_S}} \cdot \frac{\sqrt{\eta_s}}{\eta} \tag{1–3–5}$$

3.標準水泥與待測水泥試樣之水泥層孔隙率相異時。

$$S = \frac{S_S\sqrt{T}}{\sqrt{T_S}} \cdot \frac{(1-e_s)\sqrt{e^3}}{(1-e)\sqrt{e_s^3}} \tag{1–3–6}$$

4.標準水泥及待測水泥試樣之水泥層孔隙率相異，試驗溫度不同導致空氣黏度不同時。

$$S = \frac{S_S\sqrt{T}}{\sqrt{T_S}} \cdot \frac{\sqrt{\eta_s}}{\eta} \cdot \frac{(1-e_s)\sqrt{e^3}}{(1-e)\sqrt{e_s^3}} \tag{1–3–7}$$

5.標準水泥及待測水泥試樣之水泥層孔隙率及比重相異時。

$$S = \frac{S_s\sqrt{T}}{\sqrt{T_s}} \cdot \frac{(1-e_s)\sqrt{e^3}}{(1-e)\sqrt{e_s^3}} \cdot \frac{\rho_s}{\rho} \qquad (1\text{--}3\text{--}8)$$

6.標準水泥及待測水泥試樣之孔隙率、空氣黏滯性及比重皆相異時。

$$S = \frac{S_s\sqrt{T}}{\sqrt{T_s}} \cdot \frac{\sqrt{\eta_s}}{\eta} \cdot \frac{(1-e_s)\sqrt{e^3}}{(1-e)\sqrt{e_s^3}} \cdot \frac{\rho_s}{\rho} \qquad (1\text{--}3\text{--}9)$$

7.早強卜特蘭水泥。

$$S = 1.13 S_s \frac{\sqrt{T}}{\sqrt{T_s}} \qquad (1\text{--}3\text{--}10)$$

8.高爐水泥。

$$S = 3.75 \frac{S_s}{\rho} \cdot \frac{\sqrt{T}}{\sqrt{T_s}} \qquad (1\text{--}3\text{--}11)$$

式中 S: 待測水泥試樣之比表面積 (cm^2/g)。

S_s: 用以校正儀器之標準水泥比表面積 (cm^2/g)。

T: 待測水泥試樣於試驗時，壓力計液面由第二刻劃線（B 線）降至第三刻劃線（C 線）所需之時間（秒）。

T_s: 用以校正儀器之標準水泥於試驗時，壓力計液面由第二刻劃線（B 線）降至第三刻劃線（C 線）所需之時間（秒）。

η: 待測水泥試樣於試驗時，不同溫度之空氣黏滯性（柏斯 Poise）。

η_s: 標準水泥於試驗時，不同溫度之空氣黏滯性（柏斯 Poise）。

e: 待測水泥試樣之水泥層孔隙率。

e_s: 標準水泥之水泥層孔隙率。

ρ: 待測水泥試樣之比重（卜特蘭水泥常用之比重值為 3.15）。

ρ_s: 標準水泥之比重（假定比重值亦為 3.15）。

1-3-7　注意事項

一、由於水泥顆粒之風化程度，對所量測之水泥比表面積值影響甚大，因此，試驗時所使用之標準水泥，應於開封後 4 小時內完成試驗量測，且每次試驗時，皆應使用新裝填之標準水泥層。

二、水銀若對氣透筒壁會發生作用時，則應在氣透筒壁塗抹一薄層油脂，以避免水銀接觸氣透筒壁。

三、將氣透筒內水泥層上之水銀倒出時，須避免將水泥一同倒出。

四、標準水泥或待測水泥試樣，均應以密閉容器裝置，試驗前應加以震動，使標準水泥或待測水泥試樣鬆散備用。

五、試驗時之溫度，以溫度計量測之。

六、對於氣透筒及其頂塞之可能磨損，應定期檢查改正。如所用之濾紙片，其品質或形狀改變時，亦應重新加以補修或更新。

1-3-8　試驗成果報告範例

　　針對待測水泥試樣進行三次水泥細度氣透儀法試驗，所使用水泥重量皆為 6.98 g，而且氣透筒內水泥層之孔隙率 $e = e_S = 0.5$，第一次試驗下降時間 $T = 4.9$ 秒，第二次試驗下降時間 $T = 5.0$ 秒，第三次試驗下降時間 $T = 4.8$ 秒，試驗室溫度為 25.2°C 且相對溼度為 70%，若針對一已知細度之標準水泥，亦進行三次細度氣透儀法試驗，結果發現其下降時間平均值 $T_S = 5.1$ 秒，假定此標準水泥之比表面積 $S_S = 3310 \ \text{cm}^2/\text{g}$，此待測水泥試樣之細度試驗成果報告則如下所示。

水泥細度試驗──氣透儀法

水泥種類：　　普通水泥　　　　　試驗室溫度：　　25.2°C

水泥廠牌：　　××水泥　　　　　相　對　溼　度：　　70%

製造日期：　102 年 5 月 20 日　　試　驗　者：　　×××

試驗日期：　102 年 5 月 25 日

項目	試驗值		
	1	2	3
水泥重 (g)	6.98	6.98	6.98
下降時間 (T) (sec)	4.9	5.0	4.8
比表面積 (S) (cm²/g)	3244	3277	3211
平均值 (cm²/g)	3244		
標準水泥量測值	$S_S = 3310 \ \text{cm}^2/\text{g}, \ T_S = 5.1$ 秒		

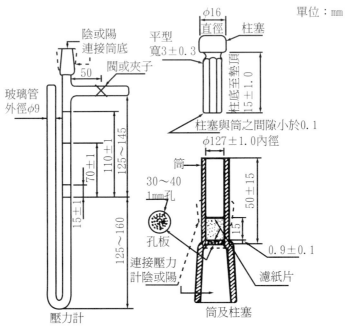

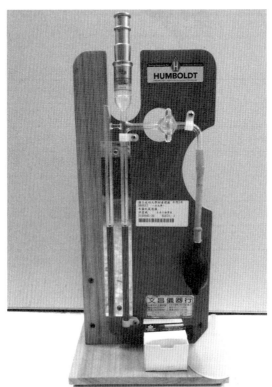

■ 圖1-6 布蘭氏氣透儀及裝置

1-4 水泥標準稠度試驗
(Test for Normal Consistency of Hydraulic Cement)

1-4-1 參考資料及規範依據

CNS 3590 水硬性水泥正常稠度試驗法。

ASTM C187 Standard test method for normal consistency of hydraulic cement。

1-4-2 目的

測定卜特蘭水泥或各種不同廠牌水泥之水泥漿體，於標準正常稠度時所需添加之水量，以提供進行水泥凝結時間試驗及水泥健性試驗等，水泥相關試驗試體所需添加之用水量。另外，此標準正常稠度試驗結果，亦可用於決定水泥砂漿抗壓與抗拉試驗等，製作水泥漿體試體時所需添加之拌合用水量。

1-4-3 試驗儀器及使用材料

一、儀器：

1. 費開氏試驗儀 (Vicat apparatus)：圖 1-7 所示為費開氏水泥標準稠度試驗儀，此種試驗儀具有支架 A，於支架上裝置一活動圓棒 B，此圓棒重量為 300 公克，其一端為直徑 10 mm（長度至少為 50 mm）之柱塞端 (Plunger end) C，另一端則安裝一直徑為 1 mm（長度 50 mm）之活動針 D。圓棒 B 可藉螺旋 E 之轉動，上下移動於任何位置而後固定之。F 為刻度表指針，可沿支架 A 所附之刻度表移動調整。G 為一可裝填待測水泥漿體試樣之圓錐形環（環頂內徑為 60 mm，環底內徑為 70 mm，環高 40 mm）。H 為一正方形 (10 cm×10 cm) 之墊底玻璃板。

2. 玻璃量筒：此玻璃量筒可供量取拌合水量之用，其容量為 200 cc 或 250 cc，量筒中刻度線乃表示於溫度 20°C 時之容量，其許可誤差為 ±2.00 cc。

3. 天平：天平之最大量稱重量為 1000 公克者，其許可誤差為 ±1.0 g，如係新天平，則其許可誤差為 ±0.5 g。

4. 拌合板或拌合鍋及其配件：用以拌合水泥漿體。

5. 刮刀。

6. 橡皮手套。

7. 馬錶。

8. 抹布。

二、材料：

待測水泥試樣 650 公克。

1–4–4　說明

一、水泥漿體或水泥砂漿之物理性質或機械性質，與其水泥本身之濃稠度，具有密切之關係，而水泥之濃稠度，係完全由水泥漿體或水泥砂漿拌合時，所添加之水量所控制，因此，如欲量測獲得不同水泥之各項工程性質，並互相比較彼此之優劣，必須要求處於一標準拌合水量條件下，方能獲得適宜且相同之水泥濃稠度，此即所謂之水泥正常標準稠度之用水量。

二、因此，凡有關水泥之凝結時間試驗、水泥之健性試驗、水泥砂漿的力學試驗等相關試驗，通常規定於水泥標準稠度狀況下進行之。在進行上述這些水泥相關試驗之前，務必先量測水泥漿體或水泥砂漿，於符合標準稠度時所需添加之拌合水量。

三、水泥標準稠度的試驗，係以直徑 10 mm、總重為 300 公克的標準稠度針，自水泥漿體表面，藉由標準稠度針本身自重，於時間 30 秒內，能自由貫入 10 mm 深之水泥漿體內，為符合前述水泥標準稠度條件，所需添加的水量，稱之為水泥標準稠度用水量 W_W。若所添加之水量，超過水泥標準稠度所需之水量，則在 30 秒內，標準稠度針貫入水泥漿體內之深度，將超過 10 mm，但若所添加水量少於水泥標準稠度水量，則標準稠度針於 30 秒之貫入深度，將無法達到 10 mm。

四、藉由費開氏試驗儀的標準稠度針，於某一時間限制內，能下降至一固定距離（或貫入深度）時，獲得所需添加於水泥漿體之水量，可求得待測水泥試樣之稠度為：

$$C_W = \frac{W_W}{W_C} \times 100 \qquad\qquad (1\text{--}4\text{--}1)$$

式中 C_W：待測水泥試樣之稠度 (%)。

　　　W_W：水泥正常標準稠度試驗時所添加之水量（公克）。

　　　W_C：待測水泥試樣之重量（公克）。

1–4–5 試驗步驟

一、將拌合鍋及附件先分別安置妥當，並使試驗室溫度保持在 $23 \pm 1.7°C$，相對溼度不得低於 50%。

二、然後將拌合水（一般約為待測水泥試樣重量之 21～28%）倒入拌合鍋（板）內，其次，將 650 公克之待測水泥試樣倒入拌合鍋內，待其吸水 30 秒後，利用拌合機慢速 (140±5 rpm) 攪拌 30 秒，停止 15 秒後，刮入拌合鍋邊緣之水泥漿體，再以拌合機中速 (285±10 rpm) 拌合 1 分鐘，即完成水泥漿體之拌合。

三、雙手戴上橡皮手套，儘速將已拌合完成之水泥漿體製成球形泥球，然後，使雙手分開相距約 150 mm，將球形泥球由一手拋入另一手中，如此，互相拋擲 6 次，使之成為近似圓球體之水泥漿體。

四、將此水泥漿體自費開氏水泥標準稠度試驗儀中，錐型環模 G 之下方較大口徑處填入，並蓋以玻璃板，刮平環模頂端凸出之水泥漿體，刮平時應注意勿使環模內水泥漿體受壓力作用。

五、將錐型環模 G 內之水泥漿體，安置於圓棒 B 之正中下方，使柱塞端 C 與水泥漿體表面恰好接觸，並拴緊螺旋 E。

六、移動刻度表之指針 F，使指針準確對準刻度表上之上方「零刻度線」處，或任選一初讀值亦可。

七、鬆動螺旋 E，使活動圓棒 B 下降 30 秒後，若圓棒 B 下沉至水泥漿體表面下方 10±1 mm 之點位時，則此水泥漿體內所添加之拌合水量，即為該待測水泥試樣之標準稠度水量（通常以水泥試樣重量之百分比表之），每次試驗皆使用新鮮水泥與不同百分比之水量拌合，重複進行上述步驟直至求得正常標準稠度為止。

1–4–6 計算公式

利用下式（式 1–4–2）可計算待測水泥試樣之標準稠度。

$$C_W = \frac{W_W}{W_C} \times 100 \tag{1–4–2}$$

式中 C_W：待測水泥試樣之標準稠度 (%)。

$\quad\quad W_W$：活動圓棒 B 於 30 秒下降 10±1 mm 時，水泥漿體所需添加之
用水量（公克）。

$\quad\quad W_C$：待測水泥試樣之重量（公克）。

1–4–7　注意事項

一、試驗時室內溫度宜保持 23±1.7°C，相對溼度需在 50% 以上。

二、每次重複進行水泥標準稠度試驗時，所使用之相關設備，包括拌合鍋（或拌合板）、橡皮手套、玻璃量筒、玻璃板、試驗臺等，皆須加以清洗並擦拭乾淨。

三、上述水泥標準稠度試驗步驟，如果於第一次試驗時，即無法達成貫入深度之要求時（標準稠度針於時間 30 秒內下降不及 9 mm），則應再添加少許水量，並重複進行上述試驗步驟，直至標準稠度針貫入深度符合要求為止。但若標準稠度針於時間 30 秒內，下降深度超過 11 mm 時，則應重新秤取待測水泥試樣重量，故試驗時所添加用水量應妥善控管，最好初始僅添加少量之拌合水（重量約 80 公克），而且儘可能選用 100 cc 之玻璃量筒，以便精確量測所需之拌合用水量。

四、進行水泥標準稠度試驗時，應正確控制試驗花費時間，不宜拖延過長，且每一次新拌水泥漿體之試體，最多只能施作三次標準稠度試驗，因試驗花費時間若拖長，則水泥漿體內水分容易蒸發，水泥亦將因容易產生凝結現象，而直接影響試驗結果之正確值。

五、多次重複試驗以求得標準稠度之用水量時，每次重新進行試驗時，皆應使用新鮮水泥拌製水泥漿體，絕不可使用已試驗量測過之水泥漿體。

六、鬆開費開氏水泥標準稠度試驗儀中螺旋 E 之動作宜迅速，以免影響試驗結果之正確性。

1-4-8 試驗成果報告範例

　　針對待測水泥試樣進行三次水泥標準稠度試驗，所使用水泥試樣重量皆為 650 g，當標準稠度針於時間 30 秒內，下降深度達到 10±1 mm 之要求時，第一次試驗所添加之用水量為 175 cc，貫入深度為 9.5 mm，第二次試驗所添加之用水量為 173 cc，貫入深度為 9.8 mm，第三次試驗所添加之用水量為 175 cc，貫入深度為 10.5 mm，試驗室溫度為 25.8°C 且相對溼度為 72%，所添加拌合水溫度為 24.5°C，則此待測水泥試樣之標準稠度試驗成果報告如下。

水泥標準稠度試驗

水泥種類：　　普通水泥　　　　　　　拌 合 水 溫：　　24.5°C

水泥廠牌：　　××水泥　　　　　　　試驗室溫度：　　25.8°C

製造日期：　102 年 6 月 18 日　　　相 對 溼 度：　　72%

試驗日期：　102 年 6 月 23 日　　　試　驗　者：　　×××

項目	試驗值		
	1	2	3
水泥重 (g)	650	650	650
拌合水量 (cc)	175	173	175
貫入深度 (mm)	9.5	9.8	10.5
水量百分比 $= \dfrac{水泥重}{拌合水量} \times 100\ (\%)$	26.9	26.6	26.9
標準稠度之水量百分率 (%)	26.8		

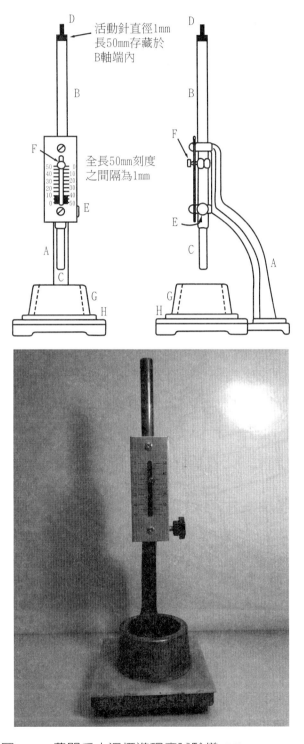

活動針直徑1mm
長50mm存藏於
B軸端內

全長50mm刻度
之間隔為1mm

■ 圖 1-7 費開氏水泥標準稠度試驗儀 (Vicat apparatus)

1-5 水泥凝結時間試驗──費開氏針法 (Test for Time of Setting of Hydraulic Cement by Vicat Needle)

1-5-1 參考資料及規範依據

CNS 786 水硬性水泥凝結時間檢驗法規（費開氏針法）。

ASTM C191 Standard test methods for time of setting of hydraulic cement by Vicat needle。

1-5-2 目的

本試驗主要量測待測水泥試樣之初凝時間 (Initial setting) 及終凝時間 (Final setting)，以判別水泥顆粒之化學性質、水泥風化程度或水泥試樣內是否混入其他雜質，進而影響水泥水化反應速率及水化生成物，試驗結果可應用於推測水泥混凝土之凝結時間，以提供研擬水泥混凝土施工，有關輸送、灌漿、搗實及養護等相關之作業計畫。

1-5-3 試驗儀器及使用材料

一、儀器：

1. 費開氏試驗儀：本項試驗所使用之費開氏試驗儀 (Vicat apparatus)，其規格與前述 1-4 節之水泥標準稠度試驗所使用儀器相同，惟於測定水泥試樣凝結時間之試驗過程中，如圖 1-8 所示，在活動圓桿棒 B 之一端裝上一直徑 1±0.05 mm、長 50 mm 之活動針 D，活動針 D 朝下，另一端為柱塞端 C 則朝上。

2. 玻璃量筒：提供量取拌合水量之用，其容量為 150 cc 或 250 cc，玻璃

量筒刻度線標示代表在 20°C 試驗時之容量者，其允許誤差值為 ±0.1 cc。

3. 天平（靈敏度 1 公克）。

4. 拌合鍋或拌合板：用以拌合水泥漿體。

5. 刮刀。

6. 橡皮手套。

7. 馬錶。

8. 恆溫恆溼櫃。

二、材料：

待測水泥試樣 650 公克。

1–5–4 說明

一、當水泥加入適當水量並均勻拌合之後，經過一段時間產生水化作用 (Hydration)，水泥漿體將逐漸呈現塑性狀態，最後變成堅固狀態。水泥水化作用過程中，其初期產生塑性狀態時，即所謂凝結反應開始之時刻，稱之為初凝 (Initial setting)，等凝結反應終止，並開始呈現脆性固體狀之時刻，則稱之為終凝 (Final setting)。因此，水泥自加入適當水量拌合後，直至產生初凝為止所經歷之時段，稱之為初凝時間，至於水泥與水拌合後至產生終凝之時段，則稱之為終凝時間。

二、水泥漿體於凝結過程中，會逐漸失去流動性而呈現固態形狀，此時段之水泥漿體尚無足夠硬度與強度，此時若略加施予壓力作用於漿體表面，水泥漿體即能發生崩潰現象。但由於水泥持續產生水化作用，所產生之水化生成物，持續填充於漿體微結構內之孔隙，將使水泥漿體開始逐漸產生強度與硬度，亦即漸次呈現堅硬固體狀態，此即所謂硬化反應 (Hardening)。

三、水泥之初凝時間如果太短，則其所拌製之水泥漿體，短時間內易快速結成團塊，因此，進行水泥粉刷工程時，不能一次拌製大量水泥漿體，否則將對混凝土之施工產生不便。但若水泥之終凝時間太長，則水泥漿體的硬化反應將會趨緩，導致混凝土之強度發展亦隨之延後，可能對混凝土拆模時間及工程進度影響甚巨。

四、由於不同水泥顆粒之水化反應皆屬放熱反應，水泥於發生凝結與硬化反應作用之時間內，皆將持續散發大量熱能，如此，將使得混凝土結構物易生成熱裂縫，尤其對巨積混凝土養護與強度發展之影響更大。

五、水泥顆粒之比表面積越大，石灰或礬土或 C_3A 含量多者，由於促進水化反應，所以，皆將加速縮短水泥之初凝時間與終凝時間。

六、水泥之凝結時間與空氣溫度及溼度等，皆有其相互影響之關係，一般進行水泥凝結試驗時，所使用器具與試驗室內之溫度，皆須保持在 20～27.5°C 之間，而拌合水及溼櫃之溫度，亦須保持在 23±1.7°C。試驗室之相對溼度不得低於 50%，溼櫃之相對溼度亦須保持在 90% 以上。

七、試驗原理：

不論利用費開氏針法或吉爾摩氏針法，進行水泥凝結時間之試驗量測，皆藉其所裝設之初凝針與附屬棒（或球）之自重作用，使初凝針下落至一特定刻劃（度），並設定此時為水泥初凝時間之到達。同理，若改以裝設終凝針，雖仍藉其自重作用而下落，但因此時水泥漿體已有些許硬度與強度，導致水泥漿體表面並未產生，因終凝針下落所形成之小圓圈痕跡，而水泥漿體表面僅產生中間圓點者，則設定為水泥終凝時間之完成。

1–5–5 試驗步驟

一、稱取 650 公克待測水泥試樣，按前述 1–4 節水泥標準稠度試驗之試驗步驟與方法，先行製成具標準稠度之水泥漿體，再裝入錐型環模 G 後，置

於一玻璃板上，並將其置於恆溫恆溼櫃中。

二、經過 30 分鐘後，自恆溫恆溼櫃中取出水泥漿體試體，將錐型環模 G 置於費開氏針 D 下方，使用 1 mm 直徑之費開氏針施作針入試驗。開始測定時，先將費開氏針端與錐型環模 G 內水泥漿體表面互相接觸，而後將固定螺旋 E 旋緊使其固定，此時將指針 F 調整準確對準於刻劃（度）0 處，才放鬆固定螺旋 E，使費開氏針尖端徐徐貫入水泥漿體試體中，30 秒後讀取刻度針之刻度，即為針入度。開始施作試驗時，每隔 15 分鐘讀取並記錄針入深度一次，直至針入深度為 25 mm 時或稍接近 25 mm 為止，然後，每隔一小時才讀取並記錄針入深度一次，直至針入深度為零時，方可停止此試驗之針入度量測。

三、每次針入度試驗時，必須變換針入水泥漿體表面之位置，而且前後二次試驗之針入距離，不得小於 6.4 mm，同時規定，於距錐型環模 G 圓周邊界 9.5 mm 以下之位置，不得當作針入點。

四、記錄各次試驗之針入深度，再藉由內插法 (Interpolation) 方式，求得當針入深度恰為 25 mm 時所需之時間，此即為水泥之初凝時間。

五、當費開氏針於水泥漿體表面，並未有明顯之下降插入痕跡時，則由拌合後至此所經過之時間，即為水泥之終凝時間。

1–5–6 注意事項

一、進行針入度試驗之前，應先檢查費開氏凝結針是否符合直徑 1 mm 之規格。務必保持費開氏針於垂直方向之筆直度，而且保持其表面之清潔，否則將影響量測所得針入深度之正確性。

二、進行針入度試驗時，應避免試驗儀器受震動，而影響針入深度之正確性。

三、檢核兩次試驗針入點間之相隔距離，確定其值大於 6.4 mm，同時檢核每次試驗之針入點，其與錐型環模圓周邊緣之距離，務必大於 9.5 mm 之

規定。

四、待測水泥試樣之凝結時間，與室內溫度、水泥顆粒細度、水泥內所含有之石膏量等，皆存在密切之關聯性。當試驗室內溫度越高，水泥顆粒細度越大，水泥中石膏含量越小時，皆將加速水泥水化作用之進行，自然將縮短水泥之凝結時間，因此，所量測獲得之凝結時間試驗值，僅可視為一近似值。

五、當水泥試體所量測獲得之凝結時間太快或太慢時，皆將對混凝土工程施工與拆模等工作，產生不良之影響，因此，必須對水泥成分進行適當之調配與控制，方能使水泥具有適當之初凝與終凝時間。

1–5–7 試驗成果報告範例

針對待測水泥試樣進行二次水泥凝結時間試驗，所使用水泥重量皆為 650 g，當標準稠度針於時間 30 秒內，下降達到 10 ± 1 mm 之要求時，第一次試驗所添加之用水量為 174 cc，貫入深度為 10.1 mm，初凝時間為 120 分鐘，終凝時間為 215 分鐘，第二次試驗所添加之用水量為 175 cc，貫入深度為 10.5 mm，初凝時間為 90 分鐘，終凝時間為 225 分鐘。試驗室溫度為 25.6°C 且相對溼度為 75%，恆溫恆溼櫃內溫度為 25.0°C 且相對溼度為 95%，所添加拌合水溫度為 24.5°C，則此待測水泥之凝結時間試驗成果報告如下。

水泥凝結時間試驗——費開氏針法

水泥種類：	普通水泥	試 驗 室 溫 度：	25.6°C
水泥廠牌：	××水泥	相 對 溼 度：	75%
製造日期：	102 年 7 月 5 日	水 溫：	24.5°C
試驗日期：	102 年 7 月 8 日	恆 溫 恆 溼 櫃 溫 度：	25.0°C
試驗 者：	×××	恆溫恆溼櫃相對溼度：	95%

項目 \ 試驗次數		第一次	第二次
加水量	加水量 (g)	174	175
	標準稠度 (%)	26.7	26.9
水泥量 (g)		650	650
拌合時間 (T_1)		16 時 20 分	17 時 10 分
標準稠度針入度 (mm)		10.1	10.5
初凝	已達時間 (T_2)	18 時 20 分	18 時 40 分
	歷時 ($T_2 - T_1$)（分）	120	90
終凝	已達時間 (T_3)	19 時 25 分	20 時 25 分
	歷時 ($T_3 - T_1$)（分）	215	225

試驗量測時間及貫入深度圖

	第一次	第二次	第三次	第四次	第五次	第六次	第七次	第八次
量測時間	16：55	17：25	17：40	17：55	18：10	18：25	19：25	20：25
貫入深度 (mm)	42	42	42	42	37	21	0	0

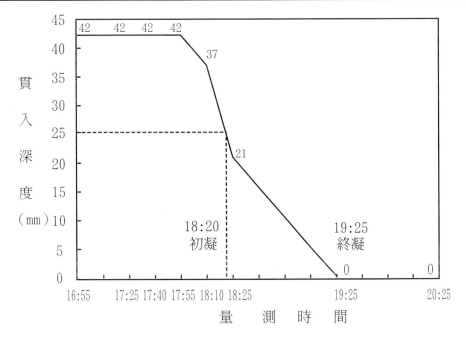

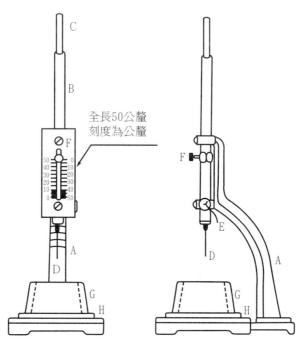

水泥凝結時間試驗（費開氏針法）

◤ 圖 1–8　水泥凝結時間試驗之費開氏試驗儀 (Vicat apparatus)

1-6 水泥凝結時間試驗──吉爾摩氏針法 (Test for Time of Setting of Hydraulic Cement by Gilmore Needle)

1-6-1 參考資料及規範依據

CNS 785 水硬性水泥凝結時間檢驗法（吉爾摩氏針法）。

ASTM C266 Standard test method for time of setting of hydraulic cement by Gilmore needles。

1-6-2 目的

主要量測水泥之初凝時間及終凝時間，以了解水泥之相關性質、風化程度及是否含有其他雜質等，進而影響水泥水化反應速率及水化生成物，試驗結果可提供混凝土施工有關輸送、灌漿、搗實及養護等相關工程作業計畫之參考。

1-6-3 試驗儀器及使用材料

一、儀器：

　　1.吉爾摩氏試驗儀：圖 1-9 所示為吉爾摩氏試驗儀之配置與幾何形狀，圖中之長度單位為 mm，吉爾摩氏針為圓柱狀，長 4.8 mm，針端需平滑，且與圓棒之軸成直角。吉爾摩氏初凝試針與終凝試針，需分別符合下列要求：

　　初凝試針：重量 113.4±0.5 公克，直徑 2.12±0.05 公釐。

　　終凝試針：重量 453.6±0.5 公克，直徑 1.06±0.05 公釐。

　　2.玻璃量筒：量取拌合水量之用。玻璃量筒之容量為 100 或 250 毫升，刻度線指示在溫度 20°C 之容量者，其許可誤差為 ±0.2 毫升。其主要刻度應為全圓，並加數字表明，最短刻度應為玻璃量筒周長之 $\frac{1}{7}$ 以上，分度刻度應為玻璃量筒周長之 $\frac{1}{5}$ 以上。若使用 200 毫升量筒，則其下端 20 毫升可免刻出；若使用 250 毫升量筒，則其下端 25 毫升可免刻出。

　　3.恆溫恆溼櫃。

　　4.橡皮手套。

　　5.抹刀（刮刀）。

　　6.馬錶（計時器）。

　　7.玻璃板 (10 cm × 10 cm)。

　　8.天平（磅秤）。

　　9.拌合鍋或拌合板。

二、材料：

　　待測水泥試樣 650 公克。

1–6–4　說明

一、當水泥加入適當水量並經均勻拌合之後，水泥水化作用過程中，其初期開始產生塑性狀態，稱之為初凝，等凝結終止並開始呈現固體形狀之時刻，即為終凝。因此，水泥自加入適當水量拌合後，直至產生初凝為止所經歷之時段，稱之為初凝時間，至於水泥與水拌合後，直至產生終凝為止所經歷之時段，則稱之為終凝時間。

二、水泥漿體於凝結過程中，將逐漸失去流動性而呈現固態形狀，在此時段之水泥漿體，尚無硬度與強度，此時若略施加壓力，水泥漿體將發生崩

潰現象。但由於水泥持續水化作用，所產生之水化生成物，將持續填充水泥漿體內之孔隙，使其逐漸產生強度與硬度。

三、水泥之初凝時間如果太短，則其所拌製之水泥漿體，易快速結成團塊，因此，不能一次拌合太多水泥漿體，否則將對混凝土之施工產生不便。但若水泥之終凝時間太長，則水泥漿體之硬化反應將趨緩，導致混凝土強度發展亦隨之延後，將影響混凝土拆模時間及施工進度。

四、由於水泥水化反應屬放熱反應，水泥於發生凝結與硬化反應之作用時間內，將持續散發大量熱能，如此，將使得混凝土結構物易生成熱裂縫，尤其對巨積混凝土養護與強度發展之影響更大。

五、水泥之比表面積越大，由於與水接觸面積越大，將增進水泥水化反應速率，並加速縮短水泥之初凝時間與終凝時間。

六、一般進行水泥凝結試驗時，所使用儀器與試驗室之溫度，須保持在 20°C～27.5°C 之間，而拌合水及恆溫恆溼櫃之溫度，亦須保持在 23±1.7°C。試驗室之相對溼度，不得低於 50%，恆溫恆溼櫃之相對溼度，亦須保持在 90% 以上。

七、利用吉爾摩氏針法進行水泥凝結時間試驗，其試驗原理乃藉由所裝設之初凝針與附屬球之自重作用，於初凝針未產生任何下落並形成小圓圈痕跡，則經拌合後至此所經歷之時間，設定為水泥之初凝時間。經初凝時間後，改裝設終凝針進行吉爾摩氏針法試驗，雖然，此時可藉終凝針與附屬球自重作用而產生下落，但因水泥漿體將持續產生部分硬度與強度，最後，導致水泥漿體表面並未產生因終凝針下落所形成之小圓圈痕跡，而僅形成中間圓點者，由經拌合後至此所經歷之時間，則設定為待測水泥試樣之終凝時間。

1-6-5　試驗步驟

一、稱取 650 公克待測水泥試樣，按前述 1-4 節水泥標準稠度試驗之試驗方法與步驟，先經充分拌合以製成水泥漿體，再將此水泥漿體試體安置於 10 公分（長）×10 公分（寬）之玻璃板上，使用刮刀由外緣向中央部位刮平整修，最後，刮成底面直徑為 76 公釐（3 吋）、中央厚度為 12.7 公釐（$\frac{1}{2}$ 吋）之平頂圓錐形扁塊（參閱圖 1-9 所示）。

二、將玻璃板及其上端之平頂圓錐形水泥扁塊，移置於恆溫恆溼櫃中。

三、將吉爾摩氏針裝置於垂直方向（直立方向），再由恆溫恆溼櫃內取出水泥漿體，放置於初凝針下，使之輕輕與水泥漿扁塊之表面接觸，然後使初凝針自然貫入，此時若產生貫入之現象，則表示水泥漿扁塊尚未達到初凝狀態，因此，需再將此水泥板塊置入恆溫恆溼櫃內養護。經多次重複上述方式測試，直至初凝針在水泥漿扁塊表面上，並未產生任何明顯之凹痕時，此時水泥漿扁塊即已達其初凝狀態，由加入水量拌合後至產生初凝現象所經歷之時間，稱之為初凝時間。

四、水泥漿扁塊之初凝時間測定完成後，再將此水泥漿扁塊，放置在恆溫恆溼櫃內養治一段時間，然後移置於終凝針下，先使終凝針輕輕與水泥漿扁塊接觸，再使終凝針自然貫入，若產生貫入之現象，則表示水泥漿扁塊尚未達到終凝狀態。因此，再將此水泥漿扁塊置入恆溫恆溼櫃內養治，經多次重複上述方式測試，直至終凝針在水泥漿扁塊表面上，並未造成任何明顯凹痕時，此時水泥漿扁塊即已達其終凝狀態，經拌合後至產生終凝現象所經歷之時間，稱之為終凝時間。

1-6-6　注意事項

一、進行試驗前，應先分別檢查吉爾摩氏初凝針與終凝針，是否符合重量與直徑之規格。同時，務必保持吉爾摩氏針沿垂直方向之筆直度，而且保持其表面之清潔，否則，將影響量測所得待測水泥試樣初凝時間與終凝時間之正確性。

二、進行吉爾摩氏初凝針與終凝針之貫入試驗時，應避免試驗儀器產生震動。

三、待測水泥試樣之初凝時間與終凝時間，與室內溫度、水泥顆粒細度、水泥內石膏量等皆有關聯。試驗室內溫度越高，水泥顆粒細度越大，水泥內石膏含量越小時，皆將加速水泥之水化作用，導致水泥初凝時間與終凝時間之縮短。

四、若水泥試體所測得之凝結時間太快或太慢，皆將對混凝土施工與拆模等產生不良影響，因此，必須對水泥成分加以調配與控制，俾使水泥具有適當的初凝與終凝時間。

1-6-7　試驗成果報告範例

　　針對待測水泥試樣進行二次水泥凝結時間吉爾摩氏試驗，所使用待測水泥試樣重量皆為 650 g，第一次試驗所添加之用水量為 175 cc，初凝時間為 125 分鐘，終凝時間為 230 分鐘，第二次試驗所添加之用水量為 174 cc，初凝時間為 110 分鐘，終凝時間為 220 分鐘。試驗室溫度為 25.2°C 且相對溼度為 68%，恆溫恆溼櫃內溫度為 24.5°C 且相對溼度為 90%，所添加拌合水溫度為 24.0°C，則此待測水泥試樣之凝結時間吉爾摩氏試驗成果報告如下。

水泥凝結時間試驗——吉爾摩氏針法

水泥種類：	普通水泥	試　驗　室　溫　度：	25.2°C
水泥廠牌：	××水泥	相　　對　　溼　　度：	68%
製造日期：	102 年 6 月 15 日	水　　　　　　溫：	24.0°C
試驗日期：	102 年 6 月 20 日	恆 溫 恆 溼 櫃 溫 度：	24.5°C
試　驗　者：	×××	恆溫恆溼櫃相對溼度：	90%

項目　　　　試驗次數		第一次	第二次
加水量	加水量 (g)	175	174
	標準稠度 (%)	26.9	26.7
水泥量 (g)		650	650
拌合時間 (T_1)		15 時 25 分	15 時 50 分
初凝	已達時間 (T_2)	17 時 30 分	17 時 40 分
	歷時 ($T_2 - T_1$)（分）	125	110
終凝	已達時間 (T_3)	19 時 15 分	19 時 30 分
	歷時 ($T_3 - T_1$)（分）	230	220

吉爾摩氏針測定凝固時間所用之平頂錐形塊

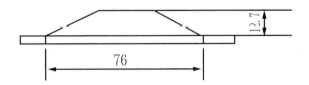

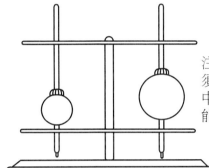

注意：橫臂之結構
須使固定，不得繞
中柱轉動，下臂須
能高低調節。

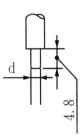

針尖詳圖：可以
拆卸之針尖，須
用鋼鑽頭或淬硬
鋼絲製成，並加
鋼圈或其他方法
以緊固之。

■ 圖 1–9 吉爾摩氏試驗儀 (Gilmore apparatus)

1-7 標準水泥砂漿之流度試驗
(Test for Flow Value of Cement Mortars by Flow Table)

1–7–1 參考資料及規範依據

CNS 1012 水硬性水泥試驗用之流動性臺。

ASTM C230 Standard specification for flow table for use in tests of hydraulic cement。

1–7–2 目的

為比較不同水泥所拌製成水泥砂漿之工程性質，必須於同一標準用水量或流度值條件下，量測不同水泥砂漿之強度，以比較不同水泥試樣之優劣。所以，本試驗之目的，乃在於測定水泥所拌製之水泥砂漿，於達到一標準流度值為 105%～115% 之條件下，所必須添加之拌合用水量。

1–7–3 試驗儀器及使用材料

一、儀器：

　　1.流動性臺及其附件（參閱圖 1–10 所示）。

　　2.流度模：依據 ASTM 之規格，流度模筒頂面內徑為 70±0.5 公釐，筒厚至少為 5 公釐，模筒底面內徑則為 100±0.5 公釐。

　　3.電動拌合機（可參閱圖 1–11 所示）或拌合板。

　　4.測徑尺或普通量尺：用以量測經流動性臺試驗後，水泥砂漿之擴散範圍。

　　5.搗棒。

　　6. 刮刀。

　　7. 金屬盤。

　　8. 電子秤或大秤。

　　9. 玻璃量筒。

二、材料：

　　1. 卜特蘭水泥。

　　2. 採用標準砂 (Standard sand)，ASTM C778 規格係採用美國伊利諾州渥
　　　太華市所出產之純矽砂。我國之標準砂則尚未確定，目前暫用 ASTM
　　　標準砂，或暫採用具代表性之乾燥且清潔之細砂試樣。

1–7–4 說明

一、判別不同廠商水泥品質之優劣，主要係以其強度大小作為比較之基準。
　　通常採用水泥所製成水泥砂漿之抗壓與抗拉強度，作為參考之依據。

二、水泥砂漿之抗壓與抗拉強度，除受到水泥品質與砂性質優劣之影響外，
　　水亦是其中一重要影響因素。藉由流動性臺 (Flow table) 進行之流度值
　　試驗，可依據流度值試驗結果，以決定水泥砂漿之最佳拌合用水量。

三、水泥砂漿之配比中，若所添加拌合水量多，則其流度值大，反之，若拌
　　合用水量少，則其流度值小。

四、通常水泥砂漿之最佳拌合用水量，乃是指其標準流度值達 105%～115%
　　時之拌合用水量，當試驗所獲得之流度值，低於此標準流度值時，代表
　　此時水泥砂漿內所添加拌合用水量，尚未達到正確標準拌合用水量，反
　　之，則表示水泥砂漿內所添加拌合用水量，已超過正確標準拌合用水量。

五、試驗所獲得流度值之大小，將直接影響水泥砂漿之抗壓與抗拉強度。因
　　此，確定水泥砂漿之配比中，所必須添加之最佳拌合用水量，實為水泥
　　砂漿強度試驗中，最主要且預先須完成之試驗項目。本試驗主要量測獲
　　得於水泥砂漿達到標準流度值條件下，所必須添加之最佳拌合用水量。

1–7–5　試驗步驟

一、將流動性臺（含附件）與流度模擦拭乾淨，並塗以一層薄油脂，再將流度模安置於流動性臺之中央處。

二、依照美國 ASTM 規格製作標準水泥砂漿強度試驗之試體，首先按水泥與標準砂之重量配合比為 1：2.75，分別秤取配比計算所求得之水泥與標準砂量，再添加適當水量並經充分混拌。其拌合程序為先將水倒入拌合機鐵碗內，然後，再添加所有水泥量，採用拌合機之慢速混合 30 秒後，再將標準砂量之一半，加入拌合機鐵碗內混拌，此時改以拌合機之中速混拌，最後，將其餘標準砂量倒入拌合機鐵碗內，繼續混拌 1.5 分鐘後停止。

三、將上述經混拌完成之水泥砂漿，分二層倒填入流動性臺上之流度模內，每層之厚度約為 25 公釐（流度模深度之一半），每層皆以搗棒均勻搗實 20 次，其中 ASTM 對搗實之壓力大小並無限制，但應以能使水泥砂漿承受均勻壓實為宜，如果搗實之壓力太大，則易使水分自流度模與流動性臺之接縫處大量滲出，反之，若搗實之壓力太小，則無法將水泥砂漿均勻壓實於流度模內。

四、使用刮刀刮去流度模頂面多餘之水泥砂漿，並擦拭流動性臺表面及流度模周邊滲漏之少許水分。

五、完成一分鐘搗實後，將流度模慢慢提起，並應於 15 分鐘內進行流度值之試驗量測，試驗時使流動性臺震落跳動 25 次，每次跳動之落距約為 20 公釐，此時流動性臺上之水泥砂漿，將隨每次震落跳動朝四周漸次流瀉擴散。如使用電動式流動性臺，則其設定之震動速率，應已符合規範所要求之速率，故可不必計時，如使用手提式流動性臺，則其震落跳動之速率應予控制。另外，使用電動式流動性臺進行試驗時，雖然關掉電源，

但馬達因慣性而可能多轉一次，如此，流動性臺將自動增加一次震落跳動，故應注意於震落 24 次時即關閉電源。

六、使用流動性臺附件之「游標卡尺」，劃定 45° 半分線之間格，依次分別量測水泥砂漿經流瀉擴散後之直徑，每一試體總共量測四次，此四次量測值之平均，即為水泥砂漿經流瀉擴散後之平均直徑，再將其與流度模底部內直徑比較，可依式 1–7–1 計算，求得此水泥砂漿之「流度值」（以百分率表之）。

1–7–6 計算公式

$$F = \frac{D' - D}{D} \times 100 \qquad\qquad (1\text{–}7\text{–}1)$$

式中 F: 水泥砂漿之流度值 (%)。

　　　 D': 水泥砂漿經流瀉擴散後，四次量測值之平均值 (cm)。

　　　 D: 流度模底部之內直徑 (cm)。

註 如試驗流動性臺未包括附件之游標卡尺，此時，可使用一般測徑尺，依每次 45° 間格共量測 4 次，再求其平均值。

1–7–7 注意事項

一、本試驗所使用拌合水之水溫，宜保持在 $23 \pm 1.7°C$。

二、流度模內水泥砂漿經搗實後，提起流度模時，應保持垂直且速度緩慢，以避免擾動水泥砂漿試樣，進而影響所量測獲得流度值之正確性。

三、水泥砂漿經搗實後，若流度模底部周圍滲出少許水量，則應於提起流度模前，將已滲出水分擦拭乾淨。

四、通常於試拌水泥砂漿，欲達到其流度值 $110 \pm 5\%$ 時，當使用普通卜特蘭水泥，其拌合用水量約為水泥量之 49%，若使用輸氣卜特蘭水泥時，則約為水泥量之 47%。

1-7-8　試驗成果報告範例

　　針對標準水泥砂漿試樣進行三次流度值試驗，所使用水泥重量皆為 1000 g，標準砂量為 2750 g，流度模之底部內直徑為 $D = 10$ cm，第一次流度試驗所添加之拌合用水量為 490 cc，所製成水泥砂漿經流動性臺震落跳動 25 次，其流瀉擴散後四次量測值分別為 10.8、10.5、10.6、10.9 cm，第二次流度試驗所添加之拌合用水量為 500 cc，水泥砂漿經流瀉擴散後四次量測值分別為 11.3、11.1、11.2、10.8 cm，第三次流度試驗所添加之拌合用水量為 510 cc，水泥砂漿經流瀉擴散後四次量測值為 11.2、11.6、11.3、11.5 cm，試驗室溫度為 25.8°C 且相對溼度為 72%，所添加拌合水溫度為 24.5°C，則此標準水泥砂漿試樣之流度值試驗成果報告如下。

標準水泥砂漿之流度試驗

水泥種類：	普通水泥	拌 合 水 溫：	24.5°C
水泥廠牌：	××水泥	試驗室溫度：	25.8°C
製造日期：	102 年 3 月 18 日	相 對 溼 度：	72%
試驗日期：	102 年 3 月 25 日	試 　 驗 　 者：	×××

項目	試驗值		
	1	2	3
水泥重 (g)	1000	1000	1000
標準砂量 (g)	2750	2750	2750
拌合用水量 (cc)	490	500	510
水泥砂漿經流動性臺震落後直徑量測值 (cm)	10.8、10.5、10.6、10.9	11.3、11.1、11.2、10.8	11.2、11.6、11.3、11.5
水泥砂漿經流動性臺震落後平均直徑 D' (cm)	10.7	11.1	11.4
水泥砂漿流度值 (%) $F = \dfrac{D' - D}{D} \times 100$	107	111	114
最佳拌合用水量 (cc)	500		

■ 圖 1-10　流動性臺

■ 圖 1-11　電動拌合機

1–8 水泥砂漿之抗壓試驗 (Test for Compressive Strength of Cement Mortars)

1–8–1 參考資料及規範依據

CNS 1010 水硬性水泥墁料抗壓強度檢驗法。

ASTM C109 Standard test method for compressive strength of hydraulic cement mortars (using 2-in. or [50-mm] cube specimens)。

1–8–2 目的

為比較不同水泥所拌製成水泥砂漿之工程性質高低，將不同品牌之水泥與一特定標準砂，依水泥砂漿抗壓試驗所規定之配合比例混拌，經添加一標準用水量後，製成 5 cm×5 cm×5 cm 之抗壓試體，當其養護至一特定齡期時進行抗壓強度試驗，以驗證不同水泥砂漿抵抗壓力之能力，進而比較各品牌水泥品質之優劣。

1–8–3 試驗儀器及使用材料

一、儀器：

2. 流動性臺及其附件（參閱圖 1–10 所示）。

2. 抗壓試驗機（或萬能試驗機，參閱圖 1–13 所示）。

3. 流度模：流度模筒頂部內直徑為 70±0.5 公釐，筒厚至少為 5 公釐，模筒底部內直徑則為 100±0.5 公釐。

4. 電動拌合機（參閱圖 1–11 所示）或拌合板。

5. 抗壓試體模（參閱圖 1–14 所示）：可製成三個 5 cm×5 cm×5 cm 正方

　　體之抗壓試體。

　6.搗棒。

　7.標準篩：包括 #16、#30、#40、#50 及 #100 等不同篩號。

　8.測徑尺或普通量尺。

　9.玻璃量筒（250 毫升）。

　10.電子稱或天秤。

　11.刮刀。

二、材料：

　1.卜特蘭水泥。

　2.使用一特定標準砂，ASTM C778 係採用美國伊利諾州渥太華市之純矽
　　砂，我國並未設定標準砂，可採用具代表性之乾燥且清潔細砂試樣。

1–8–4　說明

一、卜特蘭水泥所製成砂漿與混凝土，應用於一般土木建築工程結構中，主
　　要承受壓應力作用，僅少部分承受拉力作用，因此，若欲比較不同水泥
　　砂漿之強度高低，通常採用抗壓試驗量測其抗壓強度，必要時再配合抗
　　拉或抗彎試驗。

二、卜特蘭水泥所製成混凝土之強度，主要藉由產生水化作用之水泥漿體，
　　與粗細骨材間之緊密膠結，進而提供承受外載應力之能力，因此，若欲
　　比較不同水泥品質之優劣，採用水泥砂漿較水泥漿體適宜。然而，水泥
　　砂漿之強度，除受水泥品質之影響外，亦隨所使用細砂品質不同而改變，
　　為減少細砂品質之差異性，以及確保抗壓強度量測結果之正確性，世界
　　各國通常制定其「標準砂」之品質，提供混凝土工程規範中水泥砂漿相
　　關試驗之選用。美國 ASTM 所制定之標準砂，為伊利諾州渥太華市
　　(Ottawa) 之純天然矽砂。

三、依據美國 ASTM C109 之規定，欲製作於抗壓強度試驗使用之水泥砂漿試體，其所選用之標準砂屬級配標準砂 (Graded standard sand)，此級配標準砂於不同試驗篩上之殘留百分比，須符合下列規定：

標準篩號	試驗篩孔徑	試驗篩殘留百分比 (%)
#100	0.15 mm	98 ± 2
#50	0.30 mm	72 ± 5
#40	0.425 mm	30 ± 5
#30	0.60 mm	2 ± 2
#16	1.18 mm	0

註 國內目前大多採用上述美國 ASTM 所定之級配標準砂。

四、卜特蘭水泥所製成之水泥砂漿，其微結構內之孔隙率，隨水化反應成熟度增加而減少，亦即水泥砂漿強度將隨水化反應時間增加，所以，除水泥及砂之品質外，尚須考量水泥砂漿齡期（養治時間）對其強度之影響。一般試驗量測水泥砂漿之抗壓強度時，主要採用齡期 7 天與 28 天之試體，或選用齡期 3 天與 7 天之標準水泥砂漿試體，同時配合相同齡期試體之抗拉或抗彎強度試驗結果，以比較不同水泥品質之優劣。

五、卜特蘭水泥所製成之新拌水泥砂漿或混凝土，須藉由澆注方式完整填充於鋼筋或模板間，因此，一般皆添加較高拌合用水量，使其具備足夠之流動性，如此，當水泥砂漿或混凝土填模時或澆置完成後，由於本身流動性高且填充能力強，可減少甚至避免人工或機械搗實之施作，進而提升混凝土施工速度及其工程品質。通常具高流動性之水泥砂漿或混凝土，所使用拌合水與水泥之重量比約介於 0.5～0.7 間，可藉由前述 1–7 節標準水泥砂漿之流度試驗，量測獲得不同水泥砂漿，於達到標準流度值為 105%～115% 之條件下，所必須添加之拌合用水量。另外，水泥砂漿配比設計中，水泥與級配標準砂之重量比，亦將影響新拌水泥砂漿之流動性，若採用硬混砂漿之配比設計，其水泥與級配標準砂之重量比為 1 : 3，

採用美國 ASTM C109 標準砂漿之抗壓強度試驗規範者，此比值為 1：2.75，至於日本 JIS 規範軟混標準砂漿之配比設計，水泥與砂之重量比則降為 1：2。

六、本試驗所使用恆溫恆溼櫃，應保持溫度 23±1.7°C 且相對溼度 95% 以上，試驗室則應保持溫度 20°C～27.5°C，相對溼度不低於 50%。當試驗進行時，抗壓試驗機、流動性臺、流度模、電動拌合機、試體模、搗棒、玻璃量筒及刮刀等之溫度，皆應保持在 20°C～27.5°C 間，拌合水溫度則保持在 23±1.7°C。

七、將新拌水泥砂漿倒填入抗壓試體模後，放置於恆溫恆溼櫃內進行養治工作，必須使抗壓試體模頂部浸露於溼空氣中養護，並避免溼空氣中水滴損傷試體表面。抗壓試體模於恆溫恆溼櫃內，經 24 小時養護後拆模，將抗壓試體放置於一飽和石灰水槽內，持續養護至一特定齡期前，應定期更換潔淨之石灰水。

八、試驗原理：

藉由單軸抗壓試驗之施作，可量測獲得各水泥砂漿抗壓試體於破壞前，所能承受之最大壓力值，此最大壓力與試體承壓面斷面積之比值，即為該水泥砂漿試體之抗壓強度。

1–8–5 試驗步驟

一、抗壓試體模之準備：

1.使用可製作 5 cm×5 cm×5 cm 立方體試體之鐵模，此鐵模內之模製試體個數不可多於三個，且鐵模最多由兩部分構件緊密裝配所組成。首先，於鐵模內各模製試體側面與底面，以及兩部分構件緊密接觸面上，均應塗上一薄層脫模劑，例如礦物油、黃油或潤滑脂，以防止所填充新拌水泥砂漿水分滲漏。

2. 將抗壓試體模緊密裝配妥當，再將此試體模頂部、各模製試體側面與底面多餘之礦物油、黃油或潤滑脂，分別加以擦拭去除，然後，將此鐵模放置於一已塗抹礦物油、黃油或潤滑脂之無吸水性平板上。

3. 使用重量比為 3 份石蠟與 5 份松香之配合，使兩者之混合物，於 110°C～120°C 高溫下溶化後，將其塗於抗壓試體鐵模中構件緊密接觸面上，以及其與底板接縫處周邊上，以防止水分之滲出。

二、秤取試樣：

依水泥與標準砂乾重比為 1：2.75 之比例，每次秤取水泥試樣 500 公克與級配標準砂 1375 公克，混合後可製作六個 5 cm × 5 cm × 5 cm 水泥砂漿抗壓試體。製作試體所需添加之拌合用水量，採用 1–7 節標準水泥砂漿之流度試驗中試拌時，當水泥砂漿達到流度值 110±5% 時所添加之水量，若使用普通卜特蘭水泥時，其拌合用水量約為水泥量之 49%，亦即可先選用水灰比 (Water / cement ratio) 為 0.485 試拌之，若使用輸氣卜特蘭水泥時，則可選用水灰比為 0.46 試拌之，最後，由試驗獲得流度值 110±5% 時之拌合用水量。

三、試樣之拌合：

1. 先以溼布塗抹電動拌合機之拌合碗內面，然後再將拌合水倒入，最後，將水泥倒入拌合碗內。

2. 開動電動拌合機，並以中速先拌合 30 秒鐘，於此 30 秒內之拌合過程，將標準砂量完全倒入拌碗內並混拌之，當拌合 30 秒鐘後，靜止不動停留 1.5 分鐘後，刮下拌碗邊附著之水泥砂漿，使集中於拌碗內，最後，再以中速將其混拌一分鐘。

四、流動性之測定：

可參閱 1–7 節中有關水泥砂漿流度試驗之方法與步驟，量測獲得新拌水泥砂漿試體，於達到流度值 110±5% 時所需添加之水量。若使用普通卜特蘭水泥或輸氣卜特蘭水泥時，一般採用固定水灰比拌製水泥砂漿試體，

僅需量測其流度值並記錄之，但當使用非卜特蘭水泥時，需試驗量測新拌水泥砂漿其流度值 $110 \pm 5\%$ 時之拌合水量。

五、抗壓試體之製作：

1. 將流度試驗完成後之水泥砂漿，分二層（每層高度約 25 mm）倒填入抗壓試體模內，每層皆使用搗棒，於 10 秒鐘內均勻搗擊 4 遍，每遍於試體面上搗擊 8 次，每次搗擊所施加之應力，應恰足以使試體模內水泥砂漿均勻填充，其中一、三兩遍之搗擊順序，與二、四兩遍之搗擊順序相互垂直，如圖 1–12 所示，每一層共計搗擊 32 次，因此，每一模製試體須搗擊 64 次，但試體之全部填模時間不得超過 2 分鐘。

8	7	6	5
1	2	3	4

4	5
3	6
2	7
1	8

■ 圖 1–12　抗壓試體模製時之搗擊順序示意圖

2. 搗擊完畢後，應使試體頂部稍高於試體模頂點，再使用刮刀將試體頂部輕輕刮平，至與試體模頂點同高為止。

3. 每一特定齡期之水泥砂漿抗壓試體，最少須製備三個。

六、試體之養護：

1. 經搗擊及刮平後之水泥砂漿試體模，放置於恆溫恆溼櫃內進行養護，試體模頂部須曝露於溼空氣中，但避免溼空氣中水滴損傷試體表面，恆溫恆溼櫃應保持溫度 $23 \pm 1.7°C$、相對溼度 95% 以上。

2. 於恆溫恆溼櫃內養護 20～24 小時後拆模，並將試體置於一飽和石灰水槽內，持續養護至一特定齡期前，應定期更換水槽內之石灰水。

七、抗壓試驗之操作：

1. 將達到一特定齡期之水泥砂漿試體，由石灰水槽內取出，先擦拭試體

表面之水，並輕拭清潔試體之承壓面處，避免黏附任何砂粒或其他雜物。

2. 可使用直尺檢驗試體承壓面是否平整，否則需加以磨平，若試體產生嚴重扭曲，則應捨棄不用。

3. 直尺量測各試體承壓面之長度與寬度，同時，計算各試體之承壓面斷面積並記錄為 A。

4. 當試體置於抗壓試驗機（或萬能試驗機）支承座之中央，試體與抗壓試驗機之上下兩接觸面，皆不得使用襯墊料。

5. 進行抗壓試驗時，先將試體小心放置於承壓座上，再調整試驗機之油壓速率，使加載過程不致產生停頓現象，且於 20 至 80 秒間達到破壞之最大荷重，然後開始加載荷重於試體，持續加壓直至試體破壞為止，此時，記錄試體破壞時所承受之最大壓荷重 P。

1-8-6　計算公式

$$S_C = \frac{P}{A} \tag{1-8-1}$$

式中 P: 最大壓荷重 (kgf)，乃試體破壞時所承受之最大壓力。

　　　 A: 水泥砂漿試體承受荷重作用面之斷面積 (cm^2)。

　　　 S_C: 水泥砂漿試體之抗壓強度 (kgf / cm^2)。

註 1. 試體承壓面之斷面積，一般可採用 25 cm^2 計算之，但如實際量測試體斷面積值，與此值相差 0.375 cm^2 以上時，則仍須使用實際量測試體斷面積值計算。

2. 水泥砂漿試體之抗壓強度，需計算精準至 1.0 kgf / cm^2。

1-8-7　注意事項

一、當水泥砂漿試體達到一特定齡期時，將其由石灰水槽內取出後，應先以溼布擦拭試體表面，然後，操作者再戴上橡皮手套，以免吸收水泥砂漿

內之水分。

二、進行新拌水泥砂漿之流度測定，若量測獲得之流度值，未達或超過指定之流度值時，則除改變拌合用水量外，應重新量取水泥與標準砂，經添加調整拌合用水量後，再予以混拌並測試。

三、本試驗通常選用美國 ASTM 規範所規定之標準砂，即美國伊利諾州渥太華市所產之天然矽砂，其與施工現地或混凝土預拌廠，所使用之細砂料之品質不同，因此，所量測獲得之水泥砂漿壓力強度，彼此間可能存在些許相異值。

四、模製抗壓試體時，將新拌水泥砂漿倒填入抗壓試體模內，待第二層（上層）搗擊 32 次完畢後，試體頂面之水泥砂漿需略高於試體模頂部，俾利刮修平整。

五、進行試驗前應先檢視試體外觀，若發現試體表面存在裂縫、扭曲或缺角等明顯缺失，應予捨棄不用。由同一品牌水泥所製成之水泥砂漿試體，經抗壓試驗所量測獲得之抗壓強度，若某一試體抗壓強度超過平均值 ±10% 時，則應捨棄之且不列入計算，同時，捨棄檢視未通過試體與不計抗壓強度者後，所剩餘同一齡期水泥砂漿試體個數不足 2 個時，則應予重新製作試體與試驗量測。

六、模製試體進行搗擊時，每次搗擊之壓力應適度不宜過大，否則易使水泥砂漿試體內之水分滲出。

七、如果水泥砂漿試體於恆溫恆溼櫃內，養護時間尚不足 24 小時即需拆模，拆模後之水泥砂漿試體，仍應放置於恆溫恆溼櫃架上，直至滿 24 小時之養護時間為止。

八、進行抗壓試驗過程中所加載壓應力之速度，不宜太快速或緩慢，試體應於 20 至 80 秒間產生破壞，且當加載壓力大於最大預估荷重之一半後，不可再調整加載壓應力之速度。

1-8-8　試驗成果報告範例

　　齡期 28 天之水泥砂漿試體進行三次抗壓試驗,拌製此試體時所使用水泥重量為 500 g,標準砂量為 1375 g,所添加之拌合用水量為 242 cc,於進行抗壓試驗前,先量測水泥砂漿試體承壓面之斷面積,三個試體分別為 25.1、24.9、25.0 cm^2,經抗壓試驗機量測獲得,水泥砂漿試體於破壞時所能承受之最大壓荷重,三個試體分別是 12040、12750、11790 kgf,試驗室溫度為 25.8°C 且相對溼度為 72%,所添加拌合水溫度為 24.5°C,則此水泥砂漿試樣之抗壓強度試驗成果報告如下。

水泥砂漿之抗壓試驗

水泥種類:　　普通水泥　　　　　拌合水溫:　　　24.5°C

水泥廠牌:　　××水泥　　　　　試驗室溫度:　　25.8°C

製造日期:　102 年 4 月 18 日　　相對溼度:　　　72%

試驗日期:　102 年 5 月 16 日　　試驗者:　　　×××

水泥重量:　　500 公克　　　　　標準砂重量:　1375 公克

拌合用水量:　　242 cc　　　　　齡期:　　　　28 天

項目	試驗值		
	1	2	3
試體斷面積 A (cm^2)	25.1	24.9	25.0
最大壓荷重 P (kgf)	12040	12750	11790
抗壓強度 (kgf / cm^2) $S_C = \dfrac{P}{A}$	479.7	512.0	471.6
平均抗壓強度 (kgf / cm^2)	487.8		

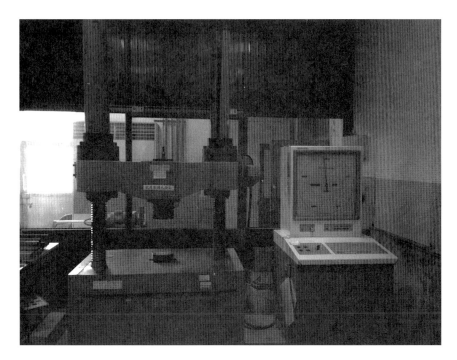

▧ 圖 1–13 水泥砂漿抗壓試驗儀器

▧ 圖 1–14 抗壓試體模

1–9 水泥砂漿之抗拉試驗
(Test for Tensile Strength of Cement Mortars)

1–9–1 參考資料及規範依據

CNS 1011 水硬性水泥墁料抗拉強度檢驗法。

ASTM C190 Method of test for tensile strength of hydraulic cement mortars。

1–9–2 目的

本試驗之目的在於測定標準水泥砂漿之抗拉強度，以比較不同品牌水泥所製成水泥砂漿，對拉應力之抵抗能力，俾供卜特蘭水泥相關混凝土結構物設計之參考與應用，並據以判定各種廠牌水泥性質之優劣。

1–9–3 試驗儀器及使用材料

一、儀器：

1. 抗拉試驗機或萬能試驗機：依 ASTM 規範中抗拉試驗機之標準，該試驗機須具每分鐘連續加載荷重 270±10 kg 之能力，同時，須具一調整荷重速率之控制器。另外，新試驗機於荷重 50 kg 以上時，其最大容許誤差為 ±1%，至於舊試驗機，則其容許誤差應低於 ±1.5%。

2. 抗拉試體模（參閱圖 1–15 所示）：此抗拉試體模，係由不受水泥砂漿侵蝕之金屬材料所製成，同時，試體模周邊需具有足夠厚度，以防止試體模之變形損壞。依美國 ASTM 規範之規格，試體模中每一個 8 字形試樣形狀之腰部寬度為 25.4 公釐，其最大容許誤差為 ±0.25 mm，自 8 字形試樣腰部垂直向兩側量出，其厚度為 25.4 公釐，此 8 字形試

樣形狀可參閱圖 1–15。

3. 夾頭 (Clip)：進行抗拉試驗時，夾持水泥砂漿試體兩側以加載拉力之用，如圖 1–16 所示。

4. 磅秤（或電子秤）。

5. 試驗篩：包括 #20（篩孔徑 0.85 mm）及 #30（篩孔徑 0.6 mm）篩號之標準篩。

6. 玻璃量筒（容量為 200 cc）。

7. 玻璃板或金屬板。

8. 刮刀。

9. 橡皮手套。

10. 電動拌合機或拌合板。

11. 抹布。

二、材料：

1. ASTM C190 規定使用美國伊利諾州渥太華市之純矽砂，我國並未設定標準砂，可採用具代表性之乾燥且清潔細砂試樣。

2. 卜特蘭水泥試樣。

1–9–4 說明

一、世界各地所生產之細砂，其物理與化學性質不盡相同，因此，水泥砂漿之抗拉強度，亦隨所使用不同種類之砂而改變。因此，欲藉由抗拉試驗以比較不同水泥之優劣時，需添加相同種類之細砂，即所謂各國選定之標準砂，如此方能正確比較，由不同水泥所製成水泥砂漿抗拉強度之高低。美國 ASTM 規範，採用伊利諾州渥太華市所產之天然純矽砂，其級配乃通過 #20 號篩，但殘留於 #30 號篩上者，日本則採用豐浦所生產之砂，我國並未選定標準砂，採用乾燥且清潔之細砂即可。

二、水泥砂漿之流動性與抗拉強度，受到所添加拌合用水量之多寡而影響，各國規範有關拌合用水量之規定不同，一般而言，標準水泥砂漿內所添加用水量約為砂重之 6～11%，或為水泥重之 24～44%。如果所添加之用水量較少，則水泥砂漿較缺乏流動性，進行填模時，則須以鐵鎚搗實或用手指壓實。

三、一般水泥砂漿抗拉強度遠低於其抗壓強度，抗拉強度與抗壓強度之比值約為 $\frac{1}{5}$ 至 $\frac{1}{10}$ 間，但水泥砂漿抗拉強度無法直接由其抗壓強度計算求得，仍須藉由抗拉試驗量測獲得真實抗拉強度。

四、一般水泥砂漿之抗拉強度，隨試體齡期增加而提高，進行水泥砂漿抗拉試驗時，為了解抗拉強度之發展速率，通常選定不同齡期之標準水泥砂漿試體，例如，3 天與 7 天，或 7 天與 28 天。

五、每次製作水泥砂漿試體時，應採用 3 組抗拉試體模，則可同時生產 9 個抗拉試體，針對每一特定齡期之抗拉試驗施作，應使用 3 個或 3 個以上之水泥砂漿試體。於同時製作 9 個抗拉試體時，所使用之水泥量至少需 400 公克，標準砂量則需 1200 公克以上，所使用之水泥及標準砂，皆應保持乾燥狀態。另外，若僅製作 6 個抗拉試體時，則至少需添加之水泥量為 300 公克，標準砂量為 900 公克。

六、製作抗拉試體時，所使用之水泥、標準砂、金屬板、抗拉試體模、電動拌合機或試驗室等，均須保持在 20°C～27.5°C 之間，其中試驗室之相對溼度不得低於 50%。另外，所添加拌合水之溫度，以及恆溫恆溼櫃內之溫度，皆應固定於 23±1.7°C，且櫃內相對溼度應不低於 95%。

七、試驗原理：

經由單軸抗拉試驗量測獲得，各水泥砂漿抗拉試體於產生拉斷破壞前，所能承受之最大拉力值，此最大拉力與 8 字形試體腰部斷面積之比值，即為該水泥砂漿試體之抗拉強度。

1–9–5　試驗步驟

一、抗拉試體之製作與養護：

1. 材料之秤取與配量：依水泥與標準砂重量比為 1：3 之配比設計，當配製 6 個抗拉試體時，每次秤取水泥與標準砂材料之總重量約為 1000 公克～1200 公克，包括水泥重量 250 公克～300 公克，標準砂之重量為 750 公克～900 公克。若欲配製 9 個抗拉試體時，則秤取水泥與標準砂之總重量約 1500 公克～1800 公克，其中水泥量需 375 公克～450 公克，標準砂之重量為 1125 公克～1350 公克。

2. 拌合水量之計算：製作抗拉試體所需添加之拌合水量，則依據水泥試樣標準稠度試驗所量測獲得之拌合用水量，再考慮水泥與標準砂之重量比，以及標準砂性質之影響，採用下列 Feret 公式（式 1–9–1）計算求得，拌製水泥砂漿抗拉試體所需添加拌合水量之百分數。

$$Y = \frac{2}{3} \cdot \frac{P}{(1+n)} + K \tag{1–9–1}$$

式中 Y：製作水泥砂漿抗拉試體所需添加之拌合用水量 (%)。

$\quad\ \ P$：水泥試樣標準稠度試驗所量測獲得之拌合用水量 (%)。

$\quad\ \ n$：配比設計標準砂與水泥之重量比（$\dfrac{標準砂重}{水泥重}$）。

$\quad\ \ K$：為一隨砂性質而異之實驗常數，若使用美國伊利諾州渥太華市之標準砂，則此時 $K = 6.5$。

註 當砂與水泥之重量比 $n = 3$ 時，Y 值及 P 值可由下表 1–4 查得。

▌表 1–4　當砂與水泥之重量比 $n = 3$ 時，Y 值及 P 值之關係表

純水泥漿標準稠度之用水量 P（%）	$n = 3$ 標準水泥砂漿之用水量 Y（%）
15	9.0
16	9.2
17	9.3
18	9.5
19	9.7
20	9.8
21	10.0
22	10.2
23	10.3
24	10.5
25	10.7
26	10.8
27	11.0
28	11.2
29	11.3
30	11.5

3. 試樣之拌合：首先秤取所需之水泥及標準砂等乾料，再將其放置於一平滑且不吸水之玻璃板上，待均勻拌合後堆成一圓錐形體，並將其頂部挖成火山口形狀，然後，將所需拌合用水量注入小孔內後，依前述標準稠度試驗方法拌製水泥砂漿。

4. 試體之製造：將抗拉試體模內側面上塗抹一薄層礦物油後，放置於未經塗油之玻璃板或金屬板上，隨即填入已混拌完成之水泥砂漿。使用兩手之拇指，於每一水泥砂漿試體面積上壓緊 12 次，兩拇指所施加壓力約為 7 kg～9 kg，拇指每次壓擠之時間不得持續過久，以免超過此規定之壓力。壓擠完畢後，使用刮刀將抗拉試體模頂部與水泥砂漿修平整齊，且刮平時所施力不得超過 2 kg。另取一玻璃板或金屬板，蓋於抗拉試體模之頂部，並雙手上下翻轉抗拉試體模，抽除原先在試體模底面之玻璃板，再依前述方法使用兩手拇指均勻施壓於試體另一面積後，以刮刀將試體模與水泥砂漿抹平整修。

5. 試體之養護：將試體連同抗拉試體模，放置於恆溫恆溼櫃內養治 24 小時後拆模，並將抗拉試體放入一飽和石灰水槽內持續養治，直到各特定齡期時，才取出試體進行抗拉試驗。若試體放置於恆溫恆溼櫃內不足 24 小時即需拆模，仍應將拆模後之試體，放置於恆溫恆溼櫃內，直至養治時間滿 24 小時為止。

二、進行抗拉強度試驗：

1. 達到各特定齡期（例如 1 天、3 天、7 天或 28 天）時，自水槽內取出試體，擦乾其表面並修飾之，使其不黏任何砂粒或其他雜物。抗拉試驗儀器夾頭與試體接觸之部分，亦須擦拭乾淨，不得存有砂粒或雜物，如此，方可將試體置入抗拉試驗儀器夾頭處，使其接觸並持握緊密。

2. 微調整抗拉試驗機夾頭之位移，使試體僅承受些許拉力，並將試驗機之拉力指針歸零，然後，開啟試驗機進行抗拉試驗，設定每分鐘 275±10 kg 之拉力速度持續加載於試體，直至抗拉試體產生拉斷破壞為止，記錄此時試體於拉斷破壞時所能承受之最大拉力值。

1–9–6　計算公式

依下式（式 1–9–2）可計算求得水泥砂漿之抗拉強度 (S_t)

$$S_t = \frac{P_t}{A_t} \tag{1–9–2}$$

式中 S_t：水泥砂漿抗拉試體之抗拉強度 (kgf/cm^2)。

　　P_t：抗拉試體產生拉斷破壞時所承受之最大拉力 (kgf)。

　　A_t：水泥砂漿 8 字形試體腰部之斷面積 (cm^2)。

1–9–7　注意事項

一、中國國家標準 CNS 1011 及美國 ASTM 規範，規定抗拉試體之形狀及各
　　部分尺寸，如圖 1–15 所示，試體呈 8 字形且高度標準值為 2.54 cm，此
　　試體腰部最小斷面積為 6.45 cm^2，若抗拉試體腰部寬度與其規定值 2.54
　　cm 差異甚大，或試體外觀存在明顯缺失，皆應捨棄不用。

二、抗拉試驗機夾頭之滾軸應經常加以潤滑，使其於軸上能自由轉動，而且
　　試體放置於夾頭內時，應對準中央不能偏斜，試體於抗拉試驗產生破壞
　　時，常斷裂於夾頭接觸附近。

三、當一個別抗拉試體經試驗量測獲得之抗拉強度，與同試驗全部試體之平
　　均值差異超過 15% 時，則應將其視為不良試體，捨棄該試體不用，並重
　　新計算抗拉強度平均值，如捨棄該試體後，其餘良好抗拉試體個數少於
　　二時，則應重新製作試體及施作抗拉試驗。

1-9-8　試驗成果報告範例

欲量測齡期 28 大之水泥砂漿試體之抗拉強度，於拌製 3 個抗拉試體時，所使用之水泥重量為 300 g，標準砂量為 900 g，所添加之拌合用水量為 150 cc，養護 28 天後，於進行抗拉試驗前，先量測抗拉試體腰部之寬度，三個抗拉試體分別為 2.53、2.56、2.55 cm，經抗拉試驗機量測獲得，水泥砂漿試體於破壞時所能承受之最大拉力，三個試體分別是 480、550、512 kgf，試驗室溫度為 25.8°C 且相對溼度為 72%，所添加拌合水溫度為 24.5°C，則此水泥砂漿試樣之抗拉強度試驗成果報告如下。

水泥砂漿之抗拉試驗

水泥種類：　普通水泥　　　　拌合水溫：　24.5°C
水泥廠牌：　××水泥　　　　試驗室溫度：　25.8°C
製造日期：　102 年 4 月 28 日　　相對溼度：　72%
試驗日期：　102 年 5 月 26 日　　試驗者：　×××
水泥重量：　300 公克　　　　標準砂重量：　900 公克
拌合用水量：　150 cc　　　　齡　期：　28 天

項目	試驗值		
	1	2	3
抗拉試體腰部寬度 (cm)	2.53	2.56	2.55
抗拉試體斷面積 (cm²)	6.43	6.50	6.48
最大拉力 P_t (kgf)	480	550	512
抗拉強度 (kgf/cm²) $S_t = \dfrac{P_t}{A_t}$	74.7	84.6	79.0
平均抗拉強度 (kgf/cm²)	79.4		

單位：公釐

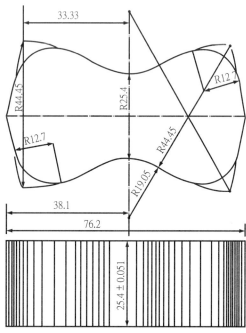

■ 圖 1-15　水泥砂漿抗拉試體模

▨ 圖 1-16 水泥砂漿抗拉試體夾頭

1–10 卜特蘭水泥之熱壓膨脹試驗
(Test for Auto Clave Expansion of Portland Cement)

1–10–1 參考資料及規範依據

CNS 1258 卜特蘭水泥熱壓膨脹試驗法。

ASTM C151 Standard test method for autoclave expansion of hydraulic cement。

1–10–2 目的

使用 25 mm × 25 mm × 285 mm 之純水泥長方柱試體，分別量測經高壓蒸煮鍋 (Autoclave) 蒸煮前與蒸煮後之試體長度，由其長度變化計算熱膨脹百分比，以決定不同卜特蘭水泥之健性 (Soundness)。

1–10–3 試驗儀器及使用材料

一、儀器：

1. 高壓蒸煮鍋：如圖 1–17 所示，高壓蒸煮鍋又稱蒸壓鍋或熱壓膨脹鍋，係一由高壓蒸氣沸騰裝置、自動調節壓力控制安全閥、排氣閥、壓力計及溫度計等所組成之設備儀器。其最大加熱容量之規定，乃當高壓蒸煮鍋內放置水與試體時，由開始加熱時間算起於 45～75 分鐘內，熱爐內之飽和蒸汽壓力可升至 20.8 kgf / cm^2（絕對壓力約為 21.8 kgf / cm^2），自動調節壓力控制，應能維持高壓蒸煮鍋內壓力 20.8 ± 0.7 kgf / cm^2，至少三小時以上。另外，當關閉加熱開關時，高壓蒸煮鍋內壓力應於 1.5 小時內，壓力由 20.8 kgf / cm^2 降至 0.7 kgf / cm^2 以下。

排氣閥主要提供加熱早期及 1.5 小時冷卻過程完畢前，排除殘餘蒸汽壓力之使用。所使用壓力計之直徑 11.4 cm 且刻劃至 40 kgf／cm²，其每一刻度不大於 0.25 kgf／cm²，當高壓蒸煮鍋內蒸汽壓力升高至 20.8 kgf／cm² 時，壓力計之最大許可誤差為 0.2 kgf／cm²。

2. 長方柱試體模具：如圖 1–18 所示，可供製成 3 個 25 mm×25 mm×285 mm 長方柱試體之模具，各長方柱試體之有效標距為 250 mm。

3. 長度校正器 (Length Comparator)：如圖 1–19 所示，此儀器係用於量測水泥漿試體，經高壓蒸煮鍋蒸煮前後之試體長度變化量，於此儀器上配裝一長度測微計，其量測範圍至少有 7.5 mm，且刻度至少為 0.025 mm，最大許可誤差為 0.051 mm。

4. 天秤及砝碼。

5. 恆溫恆溼櫃。

6. 水槽。

7. 玻璃量筒（容量為 200 cc 或 250 cc）。

8. 刮刀。

9. 橡皮手套。

10. 礦物油。

11. 抹布。

二、材料：

卜特蘭水泥或具代表性之乾燥水泥試樣 650 公克。

1–10–4　說明

一、水泥顆粒中含有游離石灰 (CaO)，當其與空氣中之水分起反應後，發生消化或膨脹作用，將使得已硬化之水泥塊發生龜裂現象。再者，若水泥中含有過量氧化鎂 (MgO) 或無水硫酸 (SO_2)，亦將導致水泥成為健性不佳或沒有健性 (Unsoundness) 之結果。

二、將品質優良之水泥試樣，與水拌合完畢後，若令其於乾燥空氣中凝結，發現其體積漸次縮小，如令此水泥漿於水中凝結時，則其體積將漸次膨脹，但兩者之縮脹度甚微，尚不足造成傷害。惟如果所使用之水泥品質較差，則不論所拌製成水泥漿，放置於乾燥空氣中或水中產生凝結作用，皆將導致大量縮脹度之發生，使得所製成水泥砂漿或混凝土，進一步發生彎曲變形、裂縫、或鬆散等情形，產生上述劣化現象之水泥，即屬健性不佳者。

三、水泥試樣於凝結過程，若由於水分之蒸發太快而發生乾裂現象，此乃乾縮作用結果，並非由於水泥之健性不佳所導致。

四、試驗原理：水泥漿試樣放置於高壓蒸煮鍋內蒸煮前後，由長度校正器所量測獲得之長度差異值，將其與試樣原長度之比值，以百分數表示之，計算至 0.01%，所求得之長度增加（或減少）百分比，即代表此水泥漿試樣之熱壓膨脹率。

1–10–5　試驗步驟

一、先將長方柱試體模內塗上一薄層礦物油，再將不鏽鋼（或其他不鏽金屬）置於兩參考測點間。

二、將 650 公克水泥試樣，使用手拌法或機械拌法，拌製成具標準稠度之水泥漿，然後，開始長方柱試體之製模。

三、製模時，將水泥漿分兩層倒填入長方柱試體模內，每填入一層水泥漿後，立即戴上橡皮手套，以大拇指壓實均勻試體內之水泥漿，使得水泥漿能流入參考測點周圍，並均勻填充於試體模內，上下兩層之水泥漿皆須壓實均勻，俟上層水泥漿填充壓實後，以刮刀修平試體模頂面。

四、將水泥漿試體模放置於恆溫恆溼櫃內，至少養治 20 小時以上。最好於製模完畢 24 小時後，將水泥漿試體模由恆溫恆溼櫃內取出並拆模，在 30 分鐘內，使用長度校正器準確量測試樣之長度，並記錄為 ℓ_1 (cm)。

五、將水泥漿試樣放置於具室溫之高壓蒸煮鍋內，試樣應置於鍋內架上，不可直接與鍋底接觸，再開啟加熱開關，產生飽和蒸汽壓力蒸煮試體。高壓蒸煮鍋內應保持充分水量（約為全體之 7%～10%），俾鍋內產生足夠之蒸汽。

六、開啟高壓蒸煮鍋加熱開關前，應先檢查蒸汽壓力表是否正常，然後，再開始增加鍋內蒸汽壓力，同時打開排氣閥，直至蒸氣從排氣閥逸出時，立即關閉排氣閥。

七、開啟加熱開關，使高壓蒸煮鍋內溫度開始上升，其上升速率於開啟加熱開關後 45 至 75 分鐘內，蒸汽壓力將提高至 20.8 kgf / cm^2，然後維持 20.8 kgf / cm^2 蒸汽壓力至少 3 小時。

八、蒸煮 3 小時後，關閉加熱開關，此時高壓蒸煮鍋將緩慢冷卻，其冷卻速率必須於 1 小時半後，將蒸汽壓力降至 0.7 kgf / cm^2 以下。

九、開啟排氣閥，徐徐排除鍋內殘餘之蒸汽壓力，然後，打開高壓蒸煮鍋，由鍋內取出水泥漿試樣，先放置於 90°C 以上之水中，再徐徐加入冷水調節水溫，使其於 15 分鐘內能降至 23°C。

十、持續將試樣維持於 23°C 水中冷卻約 15 分鐘後，自水中取出水泥漿試樣，使用抹布擦拭試體表面使其乾淨，並立即使用長度校正器，量測此蒸煮後水泥漿試樣之長度，並記錄為 ℓ_2 (cm)。

1–10–6　計算公式

　　將水泥漿試樣放置於高壓蒸煮鍋內，蒸煮前後所測得之試體長度 ℓ_1 與 ℓ_2，計算此二次量測長度之相減值 $\ell_2 - \ell_1$，此差值與試樣原長度之比值百分數 (%)，即為此水泥漿試樣之熱壓膨脹率 E，如下式所示：

$$E = \frac{\ell_2 - \ell_1}{\ell_1} \times 100 \tag{1–10–1}$$

　　式中 ℓ_1：水泥漿試樣蒸煮前之原長度（公分）。

　　　　ℓ_2：水泥漿試樣蒸煮後之長度（公分）。

　　　　E：水泥漿試樣之熱壓膨脹率 (%)。

1–10–7　注意事項

一、本試驗之所添加拌合水溫及恆溫恆溼櫃內溫度，皆須保持在 $23 \pm 1.7°C$，恆溫恆溼櫃內之相對溼度，則應大於 90% 以上。

二、於長方柱試體模內裝置兩參考測點時，應避免不鏽鋼金屬（或其他不鏽金屬）與礦物油脂接觸。

三、將水泥漿試體放置於高壓蒸煮鍋內時，應置於鍋內支架上，避免將試體與鍋底直接接觸。

四、進行熱壓膨脹試驗前，應先檢查高壓蒸煮鍋內之水量是否充足，應避免試驗進行時，發生鍋內蒸汽量不足之現象。

五、同一水泥漿試體進行熱壓膨脹試驗，每次試驗應至少施作 3 個試樣。

1–10–8　試驗成果報告範例

　　欲量測一卜特蘭水泥試樣之熱壓膨脹率,先拌製 3 個水泥漿長方柱試體,所使用之水泥重量為 650 g,當達到標準稠度時所添加之拌合用水量為 260 cc,製模並養護 1 天後,於進行熱壓膨脹試驗蒸煮前,先量測試體長度,三個長方柱試體分別為 250.2、250.5、249.8 mm,經熱壓膨脹試驗後,量測經蒸煮後水泥漿試體長度,三個試體分別是 253.3、253.9、252.7 mm,試驗室溫度為 25.8°C 且相對溼度為 72%,所添加拌合水溫度為 24.5°C,則此水泥漿試樣之熱壓膨脹試驗成果報告如下。

卜特蘭水泥之熱壓膨脹試驗

水泥種類：　　普通水泥　　　　　拌 合 水 溫：　　24.5°C

水泥廠牌：　　××水泥　　　　　試驗室溫度：　　25.8°C

製造日期：　102 年 4 月 28 日　　相 對 溼 度：　　72%

試驗日期：　102 年 4 月 29 日　　試 　驗 　者：　　×××

水泥重量：　　650 公克　　　　　拌合用水量：　　260 cc

項目	試驗值		
	1	2	3
拌合水量百分比 (%)	0.4	0.4	0.4
蒸煮前試體長度 ℓ_1 (mm)	250.2	250.5	249.8
蒸煮後試體長度 ℓ_2 (mm)	253.3	253.9	252.7
熱壓膨脹率 $= \dfrac{\ell_2 - \ell_1}{\ell_1} \times 100$ (%)	1.24	1.36	1.16
平均熱壓膨脹率 (%)	1.25		

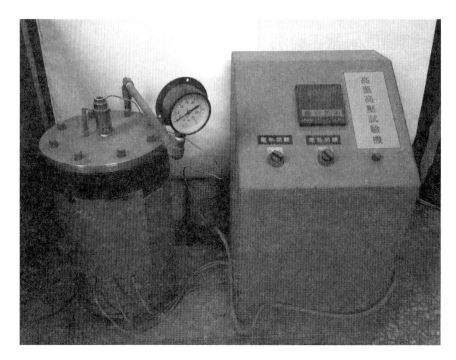

■ 圖 1–17　高壓蒸煮鍋

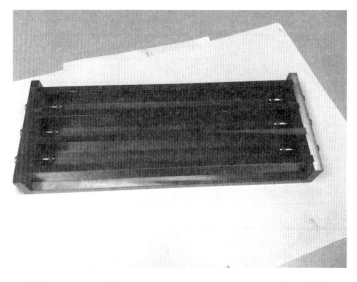

■ 圖 1–18　尺寸為 $25 \times 25 \times 285$ mm 之長方柱試體模具

◤ 圖 1–19　長度校正器

第二章　骨　材

　　骨材係指細砂、粗石及其他類似之礦物材料，一般而言，相較於卜特蘭水泥漿，骨材強度高且價格低廉，因此，混凝土配比設計中常使用大量骨材。當一土木建築結構物所使用之混凝土，若是由無任何骨材所製成之水泥漿體，則其抗拉強度、抗裂、抗磨損及破裂韌性等工程性質皆將大幅降低，同時，整體結構物之營造材料成本將大幅增加。另外，由於水泥漿體內部分水蒸發散失後，水泥漿體內外收縮程度不一，將導致水泥漿體產生多處裂縫，降低其強度與耐久性，所以，混凝土中若無添加粗細骨材，並不適合應用於土木建築結構物上。

　　一般卜特蘭水泥混凝土中，含有體積百分比高達 65～80% 之細、粗骨材，以減少水泥漿之使用量，進而降低混凝土之材料成本，同時，可提高其強度與耐久性，所以，細、粗骨材之粒徑分布與品質優劣，皆對混凝土及其結構物之製造成本，及其相關工程性質影響甚巨。品質良好之細、粗骨材，必須具備強度高、耐磨及耐久性佳、表面清潔、無泥土粉塵、無有機物等特性，為控制混凝土之品質能符合設計標準，除必須對骨材分類、採樣及級配等充分了解，同時，必須檢測所使用骨材之各種物理與力學性質，是否符合相關國家標準，尤其與所添加用水量有關之試驗項目。

2-1 骨材取樣法
(Method of Sampling for Aggregate)

2-1-1 參考資料及規範依據

CNS 485　塊石，碎石，卵石，砂及爐碴之取樣法。

ASTM D75 Standard practice for sampling aggregates。

ASTM C702 Standard practice for reducing samples of aggregate to testing size。

2-1-2 目的

不同礦區所採集岩石礦物，其物理與化學性質亦不同，當調查或評估某一特定礦區之岩石礦物，是否具應用於骨材之可行性，須採取能代表該礦區之岩石礦物材料樣品，以供骨材各類品質檢測與分析之使用。

2-1-3 適用範圍

規範採集骨材（包括塊石、碎石、卵石、砂及爐碴等材料）時，初步調查採集場、選定採集場所、監督骨材之裝運、品管及驗收工程現場之骨材等。

2-1-4 骨材試驗之取樣法

骨材試驗所選取之試樣，應具有足夠代表性，才能使各試驗量測成果，能真正準確地反映被檢驗材料，其具有代表全部骨材之真實性質與特性。茲以中國國家標準 CNS 485 之不同種類骨材取樣法，分別敘述如下：

一、自岩層或石礦開採之石料：

　　1.檢視：先行檢視岩層或石礦之表面石質，以判定各層次之變化，同時，亦須觀察色澤及組織之變更等。

2. 取樣及試樣數量：於每一不同色澤及組織之層次，皆採取未經風化之石樣 25 公斤以上。當所採取石樣需進行韌性 (Toughness) 或壓力試驗時，則每一長方柱石樣之三邊長，至少須大於 10 cm×13 cm×8 cm，並標明每一石樣之上下底面 (Bedding Plan)，所選用之石樣須為無破裂紋者。若為經爆炸破壞所獲取之石塊，則應予以摒棄不用。

3. 取樣記錄：於非商業性採集地所採取之石樣，須檢附此岩層或石礦之一草圖，包含平面及剖面圖，分別標示各層次之厚度與位置，並記錄下列各項資料：

⑴擁有石材之所有者姓名。

⑵可取得骨材之數量。

⑶表土或風化石層之品質與數量。

⑷採集地與需用骨材地點之最短運輸距離。

⑸運送骨材之各道路特點、種類與坡度等。

⑹每一採取石樣所代表之區域範圍與位置等。

二、塊石及大卵石：

1. 檢視：詳細檢視於採集場範圍內，地面上所有積存之石塊及大卵石，同時，詳實記載各種石塊之種類、品質、分布情形與儲存量等。

2. 取樣：藉由目視觀察，凡可供土木建築工程使用之石料，每種石料皆應選取試樣數個。

3. 取樣記錄：除記載塊石與大卵石試樣之一般資料外，尚需記錄下列各項：

⑴塊石及大卵石採集場之位置。

⑵估計推算可採取之塊石及大卵石數量。

⑶試樣內所含各種石料之百分比，並以目視推估，將予以捨棄之材料所佔百分比。

三、砂及卵石：

1. 就地取材：係指於工程計畫施工現場之附近範圍內，利用小型及可搬運之軋石、篩分及洗石等機具，採取砂及卵石等石材以供給現地使用。

2. 取樣：所選取之砂及卵石試樣，應能代表該採集場所有可使用之不同材料，並概略估算各種可開採石材之數量。其試樣之取樣法如下：

(1) 採集場地為露天開挖之坑或山邊：藉經驗研判選取能具代表性之石材開挖位置，沿該位置之表面進行槽形切取，以取得所需試樣，惟應去除沿表面滾下之石粒。如於小採集地區取樣，需進行開挖試孔，以決定石料之開採範圍時，則適宜之試孔位置，應選擇平行於開挖地區且離開挖地區一相當距離之處，並藉由該處石材蘊藏之數量多寡，以決定試孔之數量與深淺程度。試孔開挖時，應將其地表覆蓋土層予以除去，不可將其當作試樣。開挖地區及各個試孔皆應分別採取試樣，如以目視即可判別各試孔之石材品質變化甚大時，則應於試孔不同深度分別加以取樣。當欲獲得不同開挖深度石材其基本材料資料之變化時，則宜針對各開挖深度之試樣分別加以試驗。如欲僅知開挖地區內石材之一般材質狀況，則可將各開挖深度石材試樣混合成一新試樣，採用四分法方式，將其劃分至試驗所需之數量。所需取樣之數量，當僅含砂時，取樣之砂樣需 12 公斤以上，若是砂與卵石之混合試樣，其中含量較少之一種骨材，不論砂或卵石皆須至少 12 公斤。

(2) 採集場地為非露天開挖者：所需石材試樣須由開挖試孔取得，至於試孔數量之多寡與開挖之深淺，則係由開挖處地質情況及取樣數量所決定。如欲獲得開挖處石材性質之分布情形與變化趨勢，則試樣應分別取自各試孔，於各試孔取樣時，應將開挖試孔地表之覆蓋土層除去後，才進行取樣工作。如僅欲獲得該處骨材之一般材質情況，

而且目視即可判別，各試孔所得骨材之顆粒大小分布及外觀顏色差異不大時，則各試孔所得骨材試樣可混合為一，使用四分法方式，將其勻分全試驗所需之數量。

(3)存積堆選取代表性試樣：由一骨材存積堆中取樣，此種取樣法甚為困難，進行採取時，宜由骨材存積堆中各部分分別選取試樣，並注意粗細骨材分離之部位，其中於存積堆底邊緣多為分離之粗骨材，當採集砂試樣時，須先將存積堆之面層骨材除去，直至看見潮溼之砂為止，此時才予以取樣。

上述三種不同採集場所之取樣方式，除記載就地取材試樣之一般性資料外，尚需記錄業主或買主姓名、採取骨材之數量、表土或風化石層之品質與數量、採集地與需用地點之最短運距、運送骨材之各道路特點與種類、每一試樣所代表之區域範圍與位置等資料。

四、砂、卵石、石塊及爐碴：

1. 品質試樣：

(1)製作混凝土所需使用之砂、卵石、石塊及爐碴等，若屬於商業來源之材料，則應取自經加工後之砂、卵石、石塊及爐碴等材料作為試樣，否則應按上述砂及卵石三種不同採集場所之取樣方式，進行取樣。

(2)所取樣之砂、卵石、石塊及爐碴等試樣，應依據中國國家標準 CNS 490 粗粒料磨損試驗法，進行粗骨材磨損試驗。

2. 工場取樣：

(1)於進行取樣前，應觀察工場現地之一般環境條件，並記錄所使用之篩分析設備。

(2)宜於裝載車船運輸過程中取得所需試樣，不同時間內裝載運輸之砂、卵石、石塊及爐碴等材料，皆應分別取樣及試驗，進而由篩分析試

驗結果，加以判定該骨材試樣級配之變化情形。

⑶若於骨材儲存倉內取樣，則應在儲存倉內骨材所輪流經過斷面之各部位，分別取樣之，且每一次須待 2 至 5 公噸骨材流瀉出儲存倉後，再進行取樣工作。

⑷針對個別骨材試樣進行試驗，可由試驗結果知其變化情況，但僅欲知骨材試樣之一般情況，則可將各試樣混合為一，再使用四分法方式，劃分至試驗所需之數量。

3.運送時取樣：

⑴若無法於工場現地進行取樣時,則骨材品質及級配試驗所需之試樣,亦可於載運至目的地後，當卸載時再取樣之。

⑵於每一裝載運輸之車船內進行取樣時，應由三處以上之不同位置取樣之，並儘可能使所選取之骨材試樣，足以代表該車船內石料之平均性質。此等由多處不同位置所取樣者，其試樣可混合為一，並藉由四分法，漸次減少至試驗所需之量。但若欲獲得其材料性質之分布與變化情況，則各不同位置之試樣，宜分別進行試驗再比較之。

⑶若自骨材存積堆處取樣時，應分別自其堆頭、堆底及中間部位採取之。進行取樣時，應使用一木板，於取樣點之上方，插入骨材存積堆內，如此，可防止於取樣時骨材發生分離現象。

⑷所需之試樣數量，將隨骨材之用途、數量、品質及級配不同而改變。所需之試樣數量，須足以代表其整體骨材之變化情形，應使每一砂、卵石、石塊或爐碴之試樣，能夠代表該材料 50 公噸（30 立方公尺）之性質變化情形。

⑸當砂、卵石、石塊或爐碴等試樣，欲進行粗細骨材篩分析試驗時，試樣數量應符合下列表 2–1 之規定重量。

■ 表 2-1　篩分析試驗所需之試樣數量

通過試驗篩之最大顆粒（公釐）			工地取樣之最少重量（公斤）	試驗試樣之最少重量（公克）
試驗篩 2	CNS	386	5	100
試驗篩 5	CNS	386	5	500
試驗篩 10	CNS	386	5	1000
試驗篩 12.6	CNS	386	10	2500
試驗篩 20	CNS	386	15	5000
試驗篩 25	CNS	386	25	10000
試驗篩 40	CNS	386	35	15000
試驗篩 50	CNS	386	45	20000
試驗篩 60	CNS	386	50	25000
試驗篩 80	CNS	386	60	30000
試驗篩 90	CNS	386	70	35000

五、溪灘砂石：

　　1.試樣重量：溪灘試樣，乃指砂與卵石混雜者，其中當卵石含量為總量之 50% 以上時，則所需之試樣為 50 公斤以上，若卵石含量小於總量 50% 時，此時試樣重量應依卵石含量降低而比例增加，例如，當卵石含量為總量之 25%，則試樣重量須至少 100 公斤。

　　2.欲進行篩分析試驗之試樣，其試樣重量應符合表 2-1 中之規定。

六、其他材料：

　　1.取樣：包括爐碴、砂、軋碎砂、瓜片與礦碴，以及其他可代替砂、卵石與碎石之材料，此類材料，應依據其與上述砂、卵石與碎石等分類大小相當之材料，使用相同之檢視與取樣方法。

七、塊石：

　　1.取樣地點：可於採石場或購方指定之地點，取得所需塊石試樣，惟現地目視不合格之塊石，不得選定為試樣。

　　2.試樣數量：試樣需 6 塊以上，其中於試體中標明底面者須至少 2 塊。

八、試樣之標籤及運輸:

　　1.標籤: 於每一試樣上，或裝置試樣之容器內，貼附一具標準格式之卡片或記錄表，同時必須記載下列各項內容:

　　⑴取樣者姓名及職位。

　　⑵送樣者姓名及職位。

　　⑶採集場名稱與其每日產量。

　　⑷簡介材料之適宜用途。

　　⑸採集地點與材料運輸方式，包括鐵路、河川、公路或其他交通工具之名稱。

　　2.運輸:

　　⑴石及爐碴: 岩石、碎石及爐碴等，應裝置於不易受損之箱內或袋中，以避免運送過程產生破損。

　　⑵卵石及砂等: 溪灘砂石、瓜片及其他細料，由於顆粒較細小，皆需裝置於緊密之箱，或表層纖維編織密緻之袋中，俾避免細顆粒之漏失。

　　⑶塊石: 塊石宜裝於外觀堅固之板箱內。

2–2 骨材篩分析試驗

(Test for Sieve Analysis of Aggregate)

2–2–1 參考資料及規範依據

CNS 486 粗細粒料之篩析法。

ASTM C136 Standard test method for sieve analysis of fine and coarse aggregates。

2–2–2 目的

使用一系列不同篩號之試驗篩，經篩析試驗方法，量測粗細骨材之粒徑大小分布狀況，由篩析試驗結果可獲得下列應用：

一、決定粗細骨材級配之優劣。

二、獲得骨材試樣其粒徑大小之組合狀況，進而可計算求得此骨材試樣之平均粒徑，即此粗細骨材試樣之細度模數（Fineness Modulus，簡稱 FM），提供混凝土強度配比設計之依據。

三、依據粗細骨材試樣之顆粒大小分布情況，藉以調配瀝青混凝土內之空隙率。

四、依篩分析試驗結果，獲得級配粗細骨材試樣之最大粒徑，以及各粒徑骨材所佔據之重量百分比。

五、依各級配粗細骨材試樣之篩分析試驗結果，可依適當比例調配成所期望之理想級配，以符合混凝土配比設計之要求。

2–2–3 試驗儀器及使用材料

一、儀器：

　1.標準篩組：

依 CNS 386 或 ASTM 規格之不同篩號標準篩，如圖 2–1 所示，一般細骨材試樣之篩分析試驗，使用篩號 #4、#8、#16、#30、#50、#100 及 #200 等標準篩，粗骨材試樣之篩分析試驗，則視粗骨材試樣之最大粒徑，而選用不同標準篩組，包括篩孔 $4''$、$3''$、$2\frac{1}{2}''$、$2''$、$1\frac{1}{2}''$、$1\frac{1}{4}''$、$1''$、$\frac{3}{4}''$、$\frac{5}{8}''$、$\frac{1}{2}''$、$\frac{3}{8}''$ 及篩號 #4 等標準篩。

2. 電動搖篩機：依據粗、細骨材不同與試樣重量之差異，使用不同之電動搖篩機，如圖 2–2 ⒜與⒝所示，分別為粗骨材與細骨材試樣所使用之電動搖篩機。

3. 天平或磅秤：其精度須達所秤試樣重量 0.1% 以內。

4. 烘箱。

5. 試料金屬盆或鋁盤。

6. 細銅刷：用以刷清停留於各標準篩上之骨材。

7. 試樣勻分器 (Sample splitter)：用以由待試驗之骨材樣本中，等量分取所需之粗、細骨材試樣。

二、材料：

待測粗細骨材試樣。

2–2–4 說明

一、本標準試驗篩分析方法，係試驗量測粗細骨材之粒徑大小分布情況，並不適宜應用於其他粒料相關試驗，例如，瀝青混合物內取回粒料，以及礦物填料 (Mineral fillers) 之篩分析等。

二、採用一組試驗用標準篩，包括不同篩號之標準篩、底盤與頂蓋，底盤置於底部，再將篩孔由小至大依序排列，並相互疊置於底盤上，頂蓋則放置於頂部。進行篩分析試驗時，將已知重量之乾骨材試樣，傾倒入最上

層之具最大篩孔標準篩內，加頂蓋後啟動電動搖篩機開關，乾骨材試樣經左右篩搖、上下篩搖、震動及衝撞等作用後，可秤得停留於各篩號（大於某一粒徑）標準篩上之乾骨材重量，並分別計算求得其殘留重量百分比，進而求得通過各篩號（小於某一粒徑）標準篩之乾骨材重量百分比。

三、將篩分析試驗結果，各篩號標準篩之篩孔（或粒徑），以對數方式表示於橫座標，各篩號標準篩所對應通過重量百分比，表示於縱座標上，如此，即可圖繪獲得待測骨材試樣之顆粒大小分布曲線，亦即骨材篩分析曲線，如圖 2-3 所示。

四、藉由試驗量測所得之骨材篩分析曲線，可判別其級配情形。當骨材粒徑大小之分布曲線，類似於一連續延伸且保持和緩變化曲線之形狀者，則表示骨材大小分布均勻，係由各大小不同之顆粒所組成，為一種連續級配 (Continuous grade) 或優良級配 (Well-graded)，如圖 2-3 中之 A 曲線所示。若骨材篩分析曲線呈現陡峭直立變化狀態者，則表示該骨材試樣，係由大小幾乎相等之顆粒所組成，稱之為均勻級配 (Uniform grade) 或不良級配 (Poorly-graded)，如圖 2-3 中之曲線 B 所示。若骨材篩分析曲線呈階梯狀變化者，則表示該骨材試樣由缺少某些粒徑之顆粒所組成，稱之為跳級配 (Gap grade) 或跳躍級配 (Skip-graded)，如圖 2-3 中之曲線 C 所示。

五、試驗原理：

本篩分析試驗法，乃是使用多個不同篩號之標準篩，依其孔徑之大小，依序由上往下重疊排列，其中具最大孔徑之標準篩，放置於最上層，待粗、細骨材試樣經篩分析試驗後，可獲得各不同篩號標準篩上之殘留骨材重量，由此據以計算求得粗、細骨材分別之細度模數，以及依一特定比例之粗細骨材混合後其細度模數，可提供混凝土強度配比設計之依據。

2-2-5 試驗步驟

一、試樣準備：

將待測骨材試樣先放置於 110±5°C 烘箱中，烘乾至恆重或 24 小時後，將待測骨材試樣移入乾燥器內，待乾燥後再冷卻至室溫。

二、試樣秤取：

由待測乾燥骨材中，使用四分法或試樣勻分器，秤取下列規定重量之粗、細骨材試樣：

1.細骨材：依其顆粒大小，決定細骨材試樣之重量。

　⑴當細骨材試樣通過篩號 #8 之標準篩高達 95% 以上者，其試樣重量最少 100 公克以上。

　⑵當細骨材試樣通過篩號 #4 之標準篩達 90% 以上，但通過篩號 #8 之標準篩僅 5% 以下者，其試樣重量最少 500 公克以上。

2.粗骨材：依粗骨材之最大粒徑，決定粗骨材試樣之重量，試樣所需之最少重量，與通過試驗篩最大顆粒尺寸之關係，如表 2-2 所示：

表 2-2　粗骨材試樣所需最少重量與其最大顆粒尺寸之關係

通過試驗篩之最大顆粒尺寸（英吋）	試樣最少重量（公克）
$\frac{3}{8}$	1000
$\frac{1}{2}$	2000
$\frac{3}{4}$	5000
1	10000
$1\frac{1}{2}$	15000
2	20000
$2\frac{1}{2}$	35000
3	60000
$3\frac{1}{2}$	100000

三、標準篩之選取:

依下列粗、細骨材試樣之不同，選取不同篩號之標準篩組，連同底盤及頂蓋，按標準篩之孔徑大小，依序由上往下重疊排列，其中，最上層放置頂蓋，然後具最大孔徑之標準篩，至於最下層則為底盤。

1. 粗骨材: $2\frac{1}{2}''$, $1\frac{1}{2}''$, $1''$, $\frac{3}{4}''$, $\frac{1}{2}''$, $\frac{3}{8}''$, #4, 底盤。

2. 細骨材: #4, #8, #16, #30, #50, #100, #200, 底盤。

四、搖篩試驗之操作:

1. 將所選取之標準篩組，使用細銅刷將其內面刷淨，再按各標準篩之孔徑大小，依序由上至下重疊排列，最後，上、下層另加一頂蓋及底盤。

2. 將待測骨材試樣傾倒入最上層之標準篩內，然後，將頂蓋與此標準篩確實蓋緊。

3. 進行搖篩試驗時，應將此標準篩組左右水平搖動，並配合震動及衝撞作用，但千萬不可手動協助骨材試樣，導致部分粒料過篩，影響試驗結果。

4. 需連續不間斷地操作搖篩之動作，直至各篩號標準篩之通過量，於一分鐘內，為停留於該篩號標準篩之殘留量 1% 以下時，通常約持續搖篩 5 分鐘以上，即可停止。

5. 若使用電動搖篩機操作搖篩動作時，至少需持續搖篩 5 分鐘，至於搖篩試驗是否已完成，可暫時停止操作，然後依上述手動搖篩試驗之處理方式加以檢驗。

6. 停留於 #4 篩號標準篩以上之部分試樣，應篩析此部分試樣，直至不同篩面下皆成為一單層現象時，才停止搖篩試驗。

五、秤取停留於各標準篩上之重量:

將殘留於每一標準篩上（含底盤）之骨材，分別傾倒入一金屬盆或鋁盤，至於標準篩內面之泥土粉塵等，以細銅刷將其刷入盤內，再秤重量並詳予記錄。

2-2-6　計算公式

一、停留於某一特定篩號標準篩之骨材重量百分比：

$$b = \frac{a}{S} \times 100 \tag{2-2-1}$$

式中 b：停留於某一特定篩號標準篩之骨材重量百分比 (%)。

　　a：停留於某一特定篩號標準篩之骨材試樣重量（公克）。

　　S：骨材試樣之總重（公克）。

二、殘留於某一特定篩號標準篩之累積骨材重量百分比，亦即所有篩孔大於此特定篩號之標準篩，其個別停留骨材重量百分比之總和，可稱為此篩之累積殘留重量百分比：

$$\Sigma b = \Sigma \frac{a}{S} \times 100 \tag{2-2-2}$$

三、某一特定篩號標準篩之通過骨材重量百分比（或稱累積通過百分比）：

$$d = 100 - \Sigma b \tag{2-2-3}$$

式中 d：某一特定篩號標準篩之通過骨材重量百分比。

四、骨材試樣之細度模數 (FM)：

$$FM = \frac{\Sigma\,各特定篩號標準篩累積殘留重量百分比之總和}{100} \tag{2-2-4}$$

上式中所採計十個特定篩號之標準篩，其篩孔大小分別為 76.2、38.1、19.1、9.52、4.76、2.38、1.19、0.59、0.297、0.149 mm。

五、圖繪骨材試樣之篩分析曲線：

將篩分析試驗結果，其中，各標準篩之孔徑（或粒徑），以對數方式表示於橫座標，各標準篩所對應通過骨材重量百分比，表示於縱座標上，點繪各篩號之試驗數據點，連結而成此骨材試樣之篩分析曲線，藉由篩分析曲線之變化情形，即可了解骨材級配之優劣。

2–2–7　注意事項

一、本篩分析試驗法，僅適用於骨材粒徑大於 0.071 mm CNS 386 篩（ASTM 篩號 #200 之標準篩）者。骨材粒徑小於 #200 篩者，應另以比重分析法 (Hydrometer analysis) 分析之。

二、篩分析試驗時，若所選取骨材試樣量越多者，其試驗結果將更加精確。對於極細微之骨材試樣，於進行篩分析試驗時，應避免泥土粉塵散失，並防止飛揚瀰漫，且每次篩分析試驗前，及傾倒停留骨材於鋁盤內後，均應以細銅刷，將各標準篩內面刷淨其泥土粉塵。

三、篩分析試驗後，停留於各標準篩上之骨材重量，每平方公分篩面不得超過 0.6 公克，若某一篩號標準篩上，其停留骨材重量超過此允許值，則應將另一標準篩，排列於此篩與上一層標準篩之間，再次進行篩分析試驗，如此可分擔部分骨材重量，以減輕此篩之停留骨材重量。惟所加入標準篩之篩孔，須大於此篩之篩孔，但小於上一層標準篩之篩孔。

四、將骨材試樣放置於烘箱內烘乾，烘箱溫度不宜超過 115°C。骨材試樣之加熱方式，不可急驟加熱，宜徐徐加熱之。

五、篩分析試驗後，計算骨材試樣之細度模數 FM 時，若屬粗骨材試樣，勿漏列於 #4 號篩以下，各標準篩之累積殘留重量百分比，若屬細骨材試樣，則勿漏列於 #4 號篩以上，各標準篩之累積殘留重量百分比。

2-2-8　試驗成果報告範例

一待測骨材試樣，經骨材篩分析試驗後，量稱於不同篩號標準篩與底盤上之停留骨材重量，其中篩孔為 37.5, 25, 19, 12.5, 9.5, 4.75 mm 標準篩與底盤上，其停留骨材重量，分別為 0, 0, 1.98, 8.29, 3.04, 1.48 與 0.121 公斤，試驗室溫度為 25.8°C 且相對溼度為 72%，則此骨材試樣之篩分析試驗成果報告如下。

骨材篩分析試驗

骨材種類：　　　××骨材　　　　　試驗室溫度：　　　25.8°C

取樣日期：　102 年 5 月 20 日　　相 對 溼 度：　　　72%

試驗日期：　102 年 5 月 26 日　　試　驗　者：　　　×××

篩孔 (mm)	停留骨材重量 (kg)	停留骨材重量 百分比 (%)	累積殘留重量 百分比 (%)	累積通過百分 比 (%)
37.5	0	0	0	100
25	0	0	0	100
19	1.98	13.38	13.38	86.62
12.5	8.29	56.05	69.43	30.57
9.5	3.04	20.55	89.98	10.02
4.75	1.48	10.01	99.99	0.01
底盤	0.121			

骨材試樣之細度模數 $FM = \dfrac{13.38 + 69.43 + 89.98 + 99.99}{100} = 2.73$

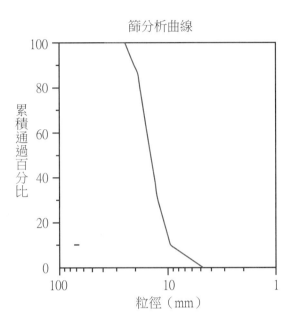

■ 圖 2-1　不同篩號之標準篩組

(a)粗骨材試樣搖篩機

(b)細骨材試樣搖篩機

◣ 圖 2-2　電動搖篩機

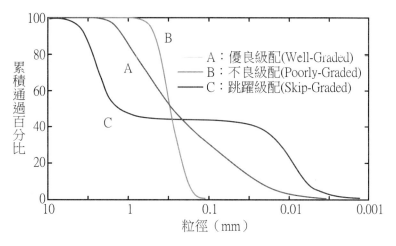

■ 圖 2–3 骨材篩分析曲線示意圖

2-3 細骨材比重及吸水率試驗 (Test for Specific Gravity and Absorption of Fine Aggregates)

一般將骨材依粒徑大小，區分為細骨材 (Fine aggregate) 與粗骨材 (Coarse aggregate) 兩種，細、粗骨材有關比重及吸水率之試驗方法與步驟不同，茲依序於 2-3 與 2-4 節中，分別敘述細、粗骨材之比重及吸水率試驗。

2-3-1 參考資料及規範依據

CNS 487 細粒料比重及吸水性之試驗法。

ASTM C128 Standard test method for density, relative density (specific gravity), and absorption of fine aggregate。

2-3-2 目的

可經由試驗量測細骨材試樣，於面乾內飽和及烘乾狀態下之比重值，進而測定細骨材試樣之吸水量 (Absorption) 或表面含水量 (Surface moisture)，以作為混凝土配比設計及混凝土拌製之參考。

2-3-3 試驗儀器及使用材料

一、儀器:

1. 圓錐模 (Conical mold): 試驗檢測細骨材試樣之面乾內飽和狀態時，所需使用之圓錐金屬模，如圖 2-4 所示，此金屬製之圓錐模，其模頂部內面之直徑為 40±3 公釐，底部內面直徑則為 90±3 公釐，模高度為 75±3 公釐，金屬圓錐模壁之厚度為 0.8 公釐。

2. 搗棒 (Tamping rod)：將圓錐模內細骨材試樣加以搗擊，所需使用之搗棒，如圖 2–4 所示，金屬製之搗棒，其重為 340±15 公克，搗棒頭之剖面為一圓平面，其直徑 25±3 公釐。

3. 比重瓶：為量測細骨材之體積，所使用之量瓶或容器，如圖 2–5 所示，乃容量為 500 毫升之量瓶，適用於 500 公克細骨材試樣。若欲量測約 55 公克之細骨材試樣，則可使用李氏比重瓶 (Le Chatelier flask)。

4. 乾燥器：將細骨材試樣烘乾，所需使用之乾燥設備，如圖 2–6 所示。

5. 天平：可秤重 1 公斤以上之骨材試樣，其靈敏度須 0.1 公克以下。

6. 烘箱：可保持溫度 110±5°C 之恆溫烘箱。

7. 金屬盆或鋁盤。

8. 吹風機。

9. 漏斗。

10. 攪拌匙及刮刀。

11. 乾布。

12. 恆溫水槽。

13. 玻璃量筒（容量為 200 cc）。

14. 分樣器。

二、材料：

待測細骨材試樣。

2–3–4 說明

一、欲了解骨材顆粒強度、硬度與耐久性等材質之優劣，可藉由試驗量測其比重之大小，加以判定之。一般而言，具較大比重之骨材者，其內部微結構之空隙較少，吸水率亦較小，由於微結構組織緻密，自然其強度較大，且耐凍及耐久性皆較佳。通常粗骨材之比重約為 2.55～2.70，細骨材之比重則約為 2.50～2.65。

二、由於骨材表面及其內部微結構孔隙之含水量不同，一般可將骨材之含水狀態，區分成下列四種狀態：

　　1.烘乾狀態或爐乾狀態（Oven-Dry condition，簡稱 OD）：

　　　當骨材試樣放置於溫度 100°C 至 110°C 間之烘箱內，將其持續烘乾至試樣重量不變為止，此時試樣已達一完全乾燥狀態，稱之為烘乾狀態或爐乾狀態，實處於一絕對乾燥狀態。

　　2.風乾狀態或氣乾狀態（Air-Dry condition，簡稱 AD）：

　　　當骨材試樣放置於室內之乾燥空氣中，其顆粒表面之水分將漸次蒸散，而呈現乾燥之狀態，至於內部微結構之孔隙，則呈部分乾燥之狀態，稱之為氣乾狀態或風乾狀態，此時骨材試樣處於一表面無水，但內部微結構部分含水之狀態。

　　3.面乾內飽和狀態（Saturated Surface-Dry，簡稱 SSD）：

　　　骨材顆粒之表面無任何附著水，惟其內部微結構之孔隙，則處於含有充足飽滿水分之狀態，稱之為面乾內飽和狀態，此乃骨材試樣之一理想含水狀態，即此類骨材於混凝土拌製過程中，不吸水且不吐水。

　　4.溼潤狀態（Moisture 或 Wet condition，簡稱 W）：

　　　骨材顆粒之表面沾有附著水，且其內部微結構之孔隙，亦含有充足飽滿之水分，稱之為溼潤狀態，此時，骨材處於一表面與內部微結構，皆充分含水之狀態。

三、骨材顆粒內部微結構中之孔隙，所吸收之總水量，稱之為骨材含水量（Water content）。假設當細骨材試樣於面乾內飽和狀態時之重量為 W_3（公克），細骨材試樣於空氣中之乾燥重量為 W_2（公克），則骨材試樣由烘乾狀態至面乾內飽和狀態，其所能吸收之總水量，稱之為骨材吸水量，此吸水總量 $(W_3 - W_2)$，與骨材試樣之乾燥重量 (W_2) 之比值，若以重量百分比表示之，則稱其為骨材之吸水率（Absorption），亦即骨材吸水率可

表示成 $100\% \times \dfrac{(W_3 - W_2)}{W_2}$。

四、骨材試樣由氣乾狀態至面乾內飽和狀態，其所吸收之水量，稱之為有效吸水量 (Effective absorption)，所以，將骨材試樣由烘乾狀態至面乾內飽和狀態之吸水量，減去骨材目前氣乾狀態之含水量，即可獲得此骨材試樣之有效吸水量。至於骨材試樣之表面水量 (Surface moisture)，係指沾附於骨材顆粒表面之總水量，此時骨材顆粒內部微結構之孔隙，已含有充足飽滿之水分。

五、水泥混凝土配合設計中，若使用溼潤狀態之骨材拌製混凝土，則該骨材之表面水量，將被視為所需添加拌合水量之一部分，若使用氣乾狀態之骨材拌製混凝土，則需考慮骨材顆粒內部微結構孔隙所吸收之水量，亦即所需添加之拌合水量，乃原先配比設計中之拌合水量，與氣乾狀態骨材所吸收水量之總和。因此，於水泥混凝土配合設計中，一般皆將骨材假設處於面乾內飽和之理想狀態，亦即不吸水且不吐水，如此，將不影響其他相關配比設計參數。至於工地現場所使用之細骨材，通常均屬於溼潤狀態，因此，於拌製混凝土前，需試驗量測其表面水量。

六、骨材吸水率隨其石質不同而變化，通常比重較大之骨材，其吸水率較小，所以，一般而言，細骨材吸水率較粗骨材吸水率為高。

2–3–5　試驗步驟

一、含水量測定：

　1.使用四分法，秤取細骨材試樣約 1 公斤，並記錄為 W_1。

　2.將細骨材試樣放置於 $110 \pm 5°C$ 烘箱內，持續烘乾至恆重，或經 24 小時烘乾後才停止。

　3.取出細骨材試樣後，秤其重量並記錄為 W_2，此即烘乾狀態細骨材試樣在空氣中之重量。

二、吸水量測定：

1. 將細骨材試樣完全浸入一盆內之水中 24 小時，此盆內所添加之水量，需足夠淹沒浸泡全部細骨材試樣。

2. 將已充分浸泡之細骨材試樣取出後，將其攤開於一不具吸水性之乾淨平臺上，並使用吹風機吹乾細骨材試樣。

3. 隨時用手緊握細骨材試樣，若發現已有微乾之情形，或細骨材能些許自行流動時，即應關閉吹風機，停止吹乾細骨材試樣。

4. 將經吹乾之細骨材試樣，分兩層裝填入一圓錐模內，若提起圓錐模後，細骨材試樣仍保持其外觀原狀,則須持續使用吹風機吹乾細骨材試樣，並重複上述試驗步驟，直至細骨材試樣不能保持其外觀原狀，產生些微之自然坍下現象為止，此時，細骨材試樣中之各細粒料，可被視為已達面乾內飽和狀態。

5. 量秤已達面乾內飽和狀態細骨材試樣之重量，並記錄為 W_3。

三、比重測定：

1. 比重瓶法：

   (1) 將自來水或蒸餾水裝倒入比重瓶內，直至規定之刻度為止，再秤其重量並讀記為 W_4。

   (2) 先將比重瓶內約一半之水量倒出，再將已達面乾內飽和狀態之細骨材試樣約 100 公克，使用漏斗倒入比重瓶內，然後，搖動比重瓶，以逐出細骨材試樣在水中之氣泡。

   (3) 再將些許水慢慢倒入比重瓶內，直至規定之刻度後，量秤此比重瓶之重量並讀記為 W_5。

2. 量筒法：

   (1) 先將自來水或蒸餾水注入玻璃量筒內，使得筒內之水量足以淹沒所有細骨材試樣，讀記此時之體積為 V_1。

　　⑵將約 100 公克已達面乾內飽和狀態之細骨材試樣，倒入玻璃量筒內，並搖動量筒，以逐出細骨材試樣內所含之空氣。

　　⑶讀取玻璃量筒內液面高度，並記錄此時之體積為 V_2。

註 當細骨材試樣之各顆粒，潮溼且表面含水，一般工地現場所使用之細砂，大多屬於溼潤狀態，則細骨材試樣之相關試驗步驟可化簡為：

1. 使用四分法或試料分樣器，秤取細骨材試樣約 2 公斤，記錄為 W_1。

2. 按上述吸水量測定方法與試驗步驟，使得細骨材試樣達到面乾內飽和狀態後，量秤其重量，並記錄為 W_3。

3. 量秤約一公斤已達面乾內飽和狀態之細骨材試樣，再將其放置入烘箱中，持續烘乾至恆重，或經 24 小時烘乾後，秤其重量並記錄為 W_2。

4. 另將剩餘之已達面乾內飽和狀態細骨材試樣，依上述比重測定方法與試驗步驟，可量測獲得其比重值。

2–3–6 計算公式

一、細骨材試樣吸水率計算：

　　1. 含水量 $= W_1 - W_2$　　　　　　　　　　　　　　　　　　　　　(2–3–1)

　　2. 吸水量 $= W_3 - W_2$　　　　　　　　　　　　　　　　　　　　　(2–3–2)

　　3. 吸水率 $= \dfrac{吸水量}{細骨材烘乾重} = \dfrac{W_3 - W_2}{W_2} \times 100$ （%）　　　　(2–3–3)

二、細骨材試樣比重計算：

　　1. 比重瓶法：

$$比重 = \frac{100}{(100 + W_4) - W_5}$$　　　　　　　　　　　　　　　(2–3–4)

　　2. 量筒法：

$$比重 = \frac{100}{V_2 - V_1}$$　　　　　　　　　　　　　　　　　　　(2–3–5)

2–3–7　注意事項

一、當潮溼細骨材試樣經吹風機吹乾後，經證實細粒料已達面乾內飽和狀態時，應立即量秤重量並進行各試驗之操作，以避免細粒料內水分之蒸發，進而影響試驗結果之正確性。

二、細骨材試樣經烘乾完全，達到烘乾狀態後，於其冷卻至室溫之過程，應將其放置入烘乾器內，以免吸收空氣中之水分。

三、若將細骨材試樣重複試驗一次，則兩次試驗所獲得結果不可差異過大，其中，比重值差異不得大於 ±0.02，吸水率不得相差 ±0.05% 以上。

2–3–8　試驗成果報告範例

進行細骨材之比重及吸水率試驗三次，每次細骨材試樣重量 W_1 分別為 490、492、488 g，經烘箱烘乾後細骨材試樣重量 W_2 分別為 478、482、481 g，面乾內飽和細骨材試樣之重量 W_3，則分別為 500、502、499 g。清潔比重瓶中裝入室溫水至 450 cc 刻劃之總重量 W_4 為 686 g，然後，將 500 g 面乾內飽和細骨材試樣倒入比重瓶內，比重瓶內包括 500 g 面乾內飽和細骨材與水之總重量 W_5，三次試驗分別為 996、999、997 g，試驗室溫度為 25.8°C 且相對溼度為 72%，則此細骨材試樣之比重及吸水率試驗成果報告如下。

細骨材比重及吸水率試驗

骨材名稱: ＿＿×× 骨材＿＿ 試驗室溫度: ＿＿ 25.8℃ ＿＿

取樣日期: ＿102 年 3 月 18 日＿ 相 對 溼 度: ＿＿ 72% ＿＿

試驗日期: ＿102 年 3 月 25 日＿ 試 驗 者: ＿＿ ××× ＿＿

項目	試驗值		
	1	2	3
細骨材試樣重量 W_1 (g)	490	492	488
烘乾細骨材試樣重量 W_2 (g)	478	482	481
面乾內飽和細骨材試樣重量 W_3 (g)	500	502	499
將水裝倒入比重瓶後之總重量 W_4 (g)	686	686	686
比重瓶內含水與 500 g 面乾內飽和細骨材之總重量 W_5 (g)	996	999	997
含水量 $= W_1 - W_2$ (g)	12	10	7
吸水量 $= W_3 - W_2$ (g)	22	20	18
吸水率 $= \dfrac{吸水量}{細骨材烘乾重}$ $= \dfrac{W_3 - W_2}{W_2} \times 100$ (%)	4.60	4.15	3.74
比重 $= \dfrac{500}{(500 + W_4) - W_5}$	2.63	2.67	2.65
平均細骨材比重	2.65		

■ 圖 2–4　圓錐金屬模與搗棒

■ 圖 2–5　細骨材比重試驗所使用之比重瓶

■ 圖 2-6 乾燥儀器

2-4 粗骨材比重及吸水率試驗

(Test for Specific Gravity and Absorption of Coarse Aggregates)

2-4-1 參考資料及規範依據

CNS 488 粗粒料比重及吸水性之檢驗法。

ASTM C127 Standard test method for density, relative density (specific gravity), and absorption of coarse aggregate。

ASTM C566 Standard test method for total evaporable moisture content of aggregate by drying。

2-4-2 目的

可經由試驗量測粗骨材試樣，分別於面乾內飽和及烘乾狀態下，其容積比重或視比重，同時，藉由本試驗可量測粗骨材試樣，其吸水量、有效吸水量或表面含水量等，提供混凝土配比設計及混凝土拌製之重要參考。

2-4-3 試驗儀器及使用材料

一、儀器:

1. 水桶及鐵絲籠: 如圖 2-7 所示，其中，具試驗篩 5 CNS 386 網孔之鐵絲籠，其容量約為 4000 至 7000 立方公分，至於水桶之容量，應能使鐵絲籠完全浸泡於桶內之水中。

2. 鋁盤或金屬盆。

3. 烘箱。

4. 天平或電子秤。

5.乾布。

二、材料:

待測粗骨材試樣。

2–4–4 說明

一、粗骨材之比重約為 2.55～2.70,其中,比重較大之粗骨材,內部微結構空隙較少,因此,吸水率較小,而且強度、耐凍及耐久性皆較佳。

二、粗骨材表面及其內部微結構孔隙之含水量不同,粗骨材之含水狀態可區分成四種,包括烘乾狀態、氣乾狀態、面乾內飽和狀態、溼潤狀態等。

三、粗骨材內部微結構孔隙所吸收之總水量,稱之為含水量。當粗骨材由烘乾狀態至面乾內飽和狀態,其所能吸收之總水量,稱之為吸水量,此吸水總量與粗骨材乾燥重量之比值,則稱為吸水率。粗骨材由氣乾狀態至面乾內飽和狀態,其所能吸收之水量,稱為有效吸水量。粗骨材顆粒表面所沾附之總水量,則稱為表面水量。

四、於水泥混凝土配合設計中,將粗骨材設定為面乾內飽和之理想狀態,工地現場拌製混凝土所使用之粗骨材,通常均屬於氣乾狀態,因此,於拌製混凝土前,需試驗量測其含水量與有效吸水量。

2–4–5 試驗步驟

一、含水量測定:

1.用於盛裝粗骨材試樣之鋁盤或金屬盆,須先烘乾後,再放置於試驗室中冷卻之,使其溫度與室溫相同。所使用粗骨材試樣,應剔除所有小於五公釐之細小骨材,然後,使用四分法方式,秤取粗骨材試樣約五公斤,並記錄其重量為 W_1。

2.將粗骨材試樣放置入烘箱內,使其於 110±5°C 烘乾至恆重,或持續

24 小時烘乾後，才停止烘乾。

3. 將粗骨材試樣由烘箱內取出後，先冷卻再秤重，記錄其重量為 W_2，此即為粗骨材試樣於空氣中之烘乾重量。

二、乾比重測定：

1. 先將鐵絲籠放置於水桶中，然後，打開固定水位之水龍頭，使水桶內之水量固定。

2. 將鐵絲籠掛於一電子秤上，量秤此鐵絲籠於水中之重量，記錄其重量為 W_3。

3. 將烘乾粗骨材試樣倒置入鐵絲籠內，再一同浸沒入水桶內之水中，先小心搖動鐵絲籠，使粗骨材試樣內之空氣逸出後，再量秤粗骨材試樣與鐵絲籠於水中之總重量，記錄其重量為 W_4。

三、面乾內飽和狀態之含水量與容積比重測定：

1. 將粗骨材試樣倒置入一含室溫水之水桶內，桶內之水量，需足夠淹沒所有粗骨材試樣。

2. 持續浸泡 24 小時後，自桶內取出粗骨材試樣，將其攤開於一易吸水之乾布面上滾動之，以吸收粗骨材試樣各顆粒之表面水。若為顆粒較大者，則逐顆粗骨材分別擦拭，當所有粗骨材試樣各顆粒表面皆拭乾時，即可將其視為達到面乾內飽和狀態。

3. 量秤上述已達面乾內飽和狀態之粗骨材試樣，記錄其重量為 W_5。

4. 將面乾內飽和狀態粗骨材試樣，倒置入鐵絲籠內，粗骨材試樣與鐵絲籠兩者皆浸泡於水桶內之水中，同時，搖動鐵絲籠除去粗骨材顆粒內之空氣，然後，量秤粗骨材試樣與鐵絲籠於水中之總重量，記錄其重量為 W_6。

2-4-6 計算公式

一、含水量 $= W_1 - W_2$　　　　　　　　　　　　　　　　　　　(2-4-1)

二、吸水量 = 由烘乾狀態至面乾內飽和狀態所吸收之水量

$$= W_5 - W_2 \qquad\qquad (2\text{-}4\text{-}2)$$

三、吸水率 $= \dfrac{吸水量}{粗骨材乾重} \times 100\ (\%)$

$$= \dfrac{W_5 - W_2}{W_2} \times 100\ (\%) \qquad\qquad (2\text{-}4\text{-}3)$$

四、有效吸水量 = 由氣乾至面乾內飽和狀態所能吸收之水量　　　(2-4-4)

$$= W_5 - W_1$$

五、烘乾狀態粗骨材試樣容積比重 $= \dfrac{W_2}{(W_2 + W_3) - W_4}$　　　(2-4-5)

六、烘乾狀態粗骨材試樣視比重 $= \dfrac{W_2}{(W_2 + W_3) - W_6}$　　　　(2-4-6)

七、面乾內飽和粗骨材試樣容積比重 $= \dfrac{W_5}{(W_5 + W_3) - W_6}$　　(2-4-7)

2-4-7 注意事項

一、沾附於粗骨材各顆粒表面上之油漬、粉塵或不潔物等，應於進行試驗前沖洗乾淨，以避免影響試驗結果之正確性。

二、當將粗骨材顆粒攤開於一具吸水性之乾布上滾動，或使用吸水布分別擦拭各粗骨材顆粒時，均須將眼力所見之所有水膜拭除。

三、經擦拭後之面乾內飽和粗骨材試樣，應立即秤重，以避免發生水分蒸散，導致試驗結果之誤差。

四、將粗骨材試樣倒置入鐵絲籠內，再浸泡入水桶內之水中後，宜小心搖動之，俾使粗骨材內空氣逸出。

五、相同粗骨材試樣，任何兩次比重及吸水率試驗之量測結果，其比重值不得相差 0.02 以上，吸水率不得相差 0.05% 以上。

2-4-8　試驗成果報告範例

進行粗骨材之比重及吸水率試驗三次，每次粗骨材試樣重量 W_1 分別為 3104、3106、3108 g，經烘箱烘乾後粗骨材試樣重量 W_2，分別為 3084、3088、3087 g。鐵絲籠於水中之重量 W_3 為 468 g，將烘乾粗骨材試樣倒入鐵絲籠內，烘乾粗骨材試樣與鐵絲籠於水中之總重量 W_4，分別為 2380、2390、2400 g。面乾內飽和狀態粗骨材試樣之重量 W_5，分別為 3112、3114、3117 g，然後，將面乾內飽和狀態粗骨材試樣倒入鐵絲籠內，面乾內飽和粗骨材試樣與鐵絲籠於水中之總重量 W_6，三次試驗分別為 2388、2402、2414 g。試驗室溫度為 25.8°C 且相對溼度為 72%，則此粗骨材試樣之比重及吸水率試驗成果報告如下。

粗骨材比重及吸水率試驗

骨材名稱: ××骨材   試驗室溫度: 25.8°C

取樣日期: 102 年 4 月 28 日   相 對 溼 度: 72%

試驗日期: 102 年 5 月 5 日   試 驗 者: ×××

項目	試驗值		
	1	2	3
粗骨材試樣重量 W_1 (g)	3104	3106	3108
烘乾粗骨材試樣重量 W_2 (g)	3084	3088	3087
鐵絲籠於水中之重量 W_3 (g)	468	468	468
烘乾粗骨材試樣與鐵絲籠於水中之總重量 W_4 (g)	2380	2390	2400
面乾內飽和狀態粗骨材試樣之重量 W_5 (g)	3112	3114	3117
面乾內飽和粗骨材試樣與鐵絲籠於水中之總重量 W_6 (g)	2388	2402	2414
含水量 $= W_1 - W_2$ (g)	20	18	21
吸水量 $= W_5 - W_2$ (g)	28	26	30
吸水率 $= \dfrac{W_5 - W_2}{W_2} \times 100$ (%)	0.91	0.84	0.97
有效吸水量 $= W_5 - W_1$ (g)	8	8	9
烘乾狀態粗骨材試樣容積比重 $= \dfrac{W_2}{(W_2 + W_3) - W_4}$	2.63	2.65	2.67
烘乾狀態粗骨材試樣視比重 $= \dfrac{W_2}{(W_2 + W_3) - W_6}$	2.65	2.68	2.71
面乾內飽和粗骨材試樣容積比重 $= \dfrac{W_5}{(W_5 + W_3) - W_6}$	2.61	2.64	2.66

■ 圖 2-7　粗骨材比重試驗所使用之電子秤、水桶及鐵絲籠

2-5 骨材單位重與空隙率試驗

(Test for Unit Weight and Voids in Aggregate)

2-5-1 參考資料及規範依據

CNS 1163 粒料單位質量與空隙試驗法。

ASTM C29 Standard test method for bulk density ("unit weight") and voids in aggregate。

2-5-2 目的

試驗量測粗、細骨材，或混合骨材試樣之單位體積重量，進而計算獲得於拌製混凝土時，若使用此骨材試樣，其顆粒堆疊間之空隙大小，提供有關骨材試樣之材料組織、級配與空隙等資料，以應用於混凝土配比設計中，決定骨材用量與水泥漿量之參考。另外，本試驗法亦可作為評定骨材試樣之品質優劣，體積驗收骨材粒料之依據，或判定碎石、輕質骨材之顆粒形狀與分佈。

2-5-3 試驗儀器及使用材料

一、儀器：

1.量桶：如圖 2-8 所示，為一圓柱形金屬量桶，量桶上端兩側各附有一手柄，較適合於試驗之操作。另外，此金屬量桶底部與側邊皆須不透水，量桶外觀之頂部及底部須平行對齊，且內徑彼此大小相等。表 2-3 所列為不同容量之量桶，其內徑、內側高度、底部厚度及側壁厚度等規定，其中，表 2-3 所示容量為 15 及 30 公升之二個較大量桶，其頂部須以四公分寬鐵箍緊箍之。所選取量桶之容量，依骨材試樣之最

大粒徑而決定，所以，試驗進行前，須先判別骨材試樣之最大粒徑，然後，所選用之金屬量桶容量與尺度，皆須符合表 2–3 之規定。

▌表 2–3　不同容量之金屬量桶尺度

容量 (ℓ)	內徑 (mm)	內側高 (cm)	金屬厚度 (mm)		骨材試樣 最大粒徑 (mm)
			底部	側壁	
3	155±2	160±2	5.0	2.5	12.5
10	205±2	305±2	5.0	2.5	25.0
15	255±2	295±2	5.0	3.0	40.0
30	355±2	305±2	5.0	3.0	100.0

2. 搗桿：如圖 2–8 所示，為一剖面直徑 16 mm，長度約 60 cm 之圓形金屬直桿，其一端製成半球形，球形直徑 16 mm 與搗桿剖面直徑相同。

3. 圓鍬或鏟子。

4. 電子秤或臺秤。

5. 乾布及平板玻璃：應用於校正量桶之容積。

6. 刮平尺。

二、材料：

待測骨材試樣。

2–5–4　說明

一、骨材試樣之單位重，將隨不同骨材顆粒之比重、形狀、級配與含水量等，量桶形狀與量桶大小，以及骨材試樣裝填入量桶之方法等，而有所差異。

二、骨材表面含水量 (Surface moisture) 多寡，將直接影響其單位重大小。骨材顆粒愈細小者，其表面含水量對於骨材單位體積重量之影響愈大。反之，骨材顆粒愈大者，則其表面含水量對骨材單位體積重量之影響甚微。

三、所選用量桶之大小與形狀，是否對骨材試樣之單位體積重量造成影響，端視此量桶是否容易搗實而異，若使用 V 字形之大量桶時，則因骨材顆粒易於填實緊密，量桶內之空隙自然減小，所以，骨材試樣單位體積重量必隨之增加。

四、裝填骨材顆粒於量桶內時，經緊密搗實後試驗量測所得之單位體積重量，較未經緊密搗實者為大，甚至可能產生約 20%～30% 之差異值。

五、一般所謂骨材試樣之體積，乃指包括骨材各顆粒實體之體積，與骨材顆粒堆疊間空隙所佔據之體積。因此，骨材試樣之實體積，即為某一骨材試樣體積內，扣除所有空隙體積所佔據空間後，骨材顆粒所佔據之實體體積，反之，由某一骨材試樣體積，扣除所有骨材顆粒實體積後，所剩餘者即為空隙體積。將骨材顆粒實體體積，除以骨材試樣體積，求得此骨材試樣之實體積率，一般表示成體積百分比，同理，空隙體積佔據某一骨材試樣體積之百分比，即稱之為空隙率。

六、骨材試樣若由大小幾乎相等之顆粒所組成，亦即屬於均勻級配者，其空隙率必較大，若骨材試樣由不同大小顆粒均勻組成，屬於優良級配者，則大顆粒堆疊之空間，將由小顆粒所填充部分空間，其空隙率自然較小。通常細砂之空隙率約 30%～45%，六分石與八分石等之空隙率，則約為 35%～50%。

七、試驗原理：

使用一固定容積之圓桶裝填骨材試樣，並藉適宜外載力作用加以壓實，使骨材顆粒填滿於量桶內再秤重，由於量桶容積與量桶內骨材顆粒總重量，可分別由試驗量測獲得，進而計算求得此骨材試樣之單位體積重量及空隙率。

2–5–5　試驗步驟

一、試樣準備：

　　1.使用四分法或試樣等量分取器，取得貝代表性之骨材試樣。

　　2.將骨材試樣放置於 110°C±5°C 溫度之烘箱內，持續烘乾至恆重為止，再將其冷卻至室溫。

二、單位重量之測定：

　　將骨材試樣裝填入一已知容積之量桶內，所選用之裝填方式，將依骨材試樣之顆粒粒徑不同而不同，一般區分成下列三種：

　　1.搗桿夯實法 (Rodding)：

　　本搗桿裝填方法，適用於骨材試樣顆粒之粒徑 4 cm 以下者。

　　(1)先將骨材試樣裝填於量桶內至高度約 $\frac{1}{3}$ 處，雙手搬動骨材顆粒，將其約略整平後，再以搗桿於骨材堆疊表面處均勻搗擊 25 次。然後，將骨材試樣裝填至量桶高度約 $\frac{2}{3}$ 處，重複上述方法整平，並均勻搗擊骨材堆疊表面處 25 次。最後，將骨材試樣裝滿於量桶內，再搗擊表面處 25 次，以手指或直尺修平量桶表面之粒料。

　　(2)將骨材試樣分三層裝填於量桶內，於裝填第一層後進行搗擊操作時，搗桿不可直接搗擊至量桶底部，同理，於裝填第二層及第三層後，進行搗擊操作時，搗擊所施加之力，應恰可搗擊貫穿粒料至前一層之頂部。

　　(3)第三層搗擊完畢後，應酌量添加骨材顆粒，直至些微滿溢量桶頂部，搗實後並用刮平尺修整量桶頂面，使得骨材試樣近似完整填滿量桶之容積，此時秤重並記錄為 W_1 (kgf)。

　　(4)將量桶內所有骨材試樣顆粒全部倒出，量稱此空量桶之重量，並記錄為 W_2 (kgf)。

2. 搖振法 (Jigging)：

本搖振裝填方法，適用於骨材試樣顆粒之粒徑 4～10 cm 者。

⑴如同前述搗桿夯實法之操作方式，將骨材試樣分三次填裝於量桶內。每一次裝填完畢，均將量桶放置於一堅固地面上，例如，混凝土地面，藉由量桶上端兩側所附加之手柄，輪流分別提起量桶一側手柄，直至較對側高約 5 公分處，然後，遽然放開手柄使其落下產生振擊作用，如此反覆操作此種搖振壓實動作，可使骨材顆粒堆疊自行漸趨緻密。每填裝一層骨材試樣後，均需重複操作振實動作 50 次，亦即提起量桶搖振壓實動作，每側皆操作 25 次。

⑵最後，使用刮平尺修平量桶頂面後，量測填滿骨材試樣之量桶重量，並記錄為 W_1 (kgf)。

⑶將所有骨材試樣倒出，稱取空量桶之重量，並記錄為 W_2 (kgf)。

3. 鏟填法 (Shoveling)：

本鏟填裝填方法，適用於骨材試樣顆粒之粒徑 10 cm 以上者。

⑴先將量桶放置於一平坦且堅實處，或一平整混凝土地面上。

⑵使用圓鍬或鏟子，將骨材試樣粒料裝滿於量桶內，並使其溢出量桶頂部，每一次操作裝填動作時，裝滿骨材粒料之鏟子或圓鍬，其提起高度與量桶頂部高度之距離，不得超過 5 cm，裝填骨材試樣時，應避免骨材粒料發生分離現象，進而影響試驗結果之正確性。

⑶骨材試樣填滿量桶後，使用雙手或直尺整平骨材粒料表面，量測填滿骨材之量桶重量，記錄為 W_1 (kgf)。

⑷將骨材試樣倒出，稱取空量桶重量並記錄為 W_2 (kgf)。

三、量桶容積之測定：於室溫條件下，將量桶內裝滿水，去除多餘水及量桶內氣泡，再將一玻璃板放置於量桶頂面，使其與量桶內水面緊密接觸，量稱充滿水之量桶重量，並記錄為 W_3 (kgf)。首先，計算此量桶內所盛

之水重量為 $W_3 - W_2$ (kgf)，再量測此時水溫，並藉由該溫度下水之單位重，進而計算獲得此量桶內水之體積，亦即量桶之容積，並記錄為 V。當水溫 15.6、18.3、21.1、23.0、23.9、26.7、29.4°C 時，水之單位重分別為 999.01、998.54、997.97、997.54、997.32、996.59、995.83 kgf / m³，其他溫度下之水單位重，可採用內插法計算求得。

2-5-6　計算公式

一、烘乾狀態骨材試樣單位重之計算：

$$\gamma_G = \frac{W_1 - W_2}{V} \tag{2-5-1}$$

式中 γ_G：烘乾狀態骨材試樣之單位重 (kgf / m³)。

V：水單位重 $\times (W_3 - W_2) =$ 量桶之容積 (m³)。

W_1：量桶內填滿烘乾狀態骨材試樣時之重量 (kgf)。

W_2：量桶本身之重量 (kgf)。

二、烘乾狀態骨材試樣實體積率之計算：

實體積率 (%) = 100 - 空隙率

$$= \frac{烘乾狀態骨材單位重}{烘乾狀態骨材容積比重 \times 水單位重} \times 100 \ (\%) \tag{2-5-2}$$

三、烘乾狀態骨材試樣空隙率之計算：

空隙率 (%)

$$= \frac{烘乾狀態骨材容積比重 \times 水單位重 - 烘乾狀態骨材單位重}{烘乾狀態骨材容積比重 \times 水單位重} \times 100 \ (\%)$$

$$\tag{2-5-3}$$

2-5-7　注意事項

一、上述單位重與空隙率試驗中，骨材試樣裝填入量桶之三種不同方法，進行試驗操作時，均應重複試驗三次以上，同一骨材試樣各次試驗所得結果，須相差 1% 以下。

二、依骨材最大粒徑所選定之量桶，雖已知量桶之容量，但因製造誤差或破損凹陷等缺失，必須每次皆進行量桶容量之校正，切勿直接使用廠商所提供之量桶容積資料。

二、上述三種骨材試樣裝填入量桶之試驗方法中，針對一般骨材試樣而言，第一種搗桿夯實法較為常見。

三、採用搗桿夯實法進行骨材試樣之搗實操作，每次搗實時，應注意使搗桿垂直壓下搗擊，不宜產生任何偏斜。

四、待裝填及搗實完畢，進行量桶頂部骨材試樣粒料之修刮整平時，不宜用力過猛，以免去除過量之粒料。

五、應按骨材試樣粒料中最大粒徑之尺寸，選擇適用之量桶，進行單位重與空隙率試驗，若選用容量較小之量桶，雖因骨材試樣重量較少，而較易操作試驗，但試驗結果離散性將較大。

2-5-8　試驗成果報告範例

進行骨材之單位重與空隙率試驗三次，每次量桶內填滿烘乾狀態骨材試樣時，其總重量 W_1 分別為 5.748、5.782、5.758 kgf，量桶本身之重量 W_2 為 3.116 kgf，充滿水時量桶之重量 W_3，分別為 5.858、5.861、5.855 kgf。此烘乾狀態骨材試樣之容積比重，分別為 2.63、2.65、2.67。試驗室溫度為 25.8°C 且量桶內水溫為 21.1°C，此水溫下之水單位重 $\gamma_w = 997.97 \text{ kgf} / \text{m}^3$，則此骨材試樣之單位重與空隙率試驗成果報告如下。

骨材單位重與空隙率試驗

骨材名稱：　　××骨材　　　　　試驗室溫度：　　25.8°C
取樣日期：　102 年 5 月 28 日　　水　溫　度：　　21.1°C
試驗日期：　102 年 6 月 5 日　　試　驗　者：　　×××

項目	試驗值		
	1	2	3
量桶內填滿烘乾狀態骨材試樣時之重量 W_1 (kgf)	5.748	5.782	5.758
量桶本身之重量 W_2 (kgf)	3.116	3.116	3.116
充滿水之量桶重量 W_3 (kgf)	5.858	5.861	5.855
水溫下之水單位重 γ_W (kgf/m^3)	997.97	997.97	997.97
量桶容積 $V = \dfrac{W_3 - W_2}{\gamma_W}$ (m^3)	0.002748	0.002751	0.002745
烘乾狀態粗骨材試樣容積比重 ρ_G	2.63	2.65	2.67
烘乾狀態粗骨材試樣單位重 $\gamma_G = \dfrac{W_1 - W_2}{V}$ (kgf/m^3)	958	969	962
烘乾狀態粗骨材試樣實體積率 $= \dfrac{\gamma_G}{\rho_G \gamma_W} \times 100\%$	36.5	36.6	36.1
烘乾狀態粗骨材試樣空隙率 $= \dfrac{\rho_G \gamma_W - \gamma_G}{\rho_G \gamma_W} \times 100\%$	63.5	63.4	63.9

■ 圖 2-8 骨材單位重及空隙試驗之量桶與搗桿

2-6 骨材表面含水率試驗
(Test for Surface Moisture in Aggregate)

一般骨材依粒徑大小，區分為粗骨材與細骨材兩種，本節主要說明細骨材表面含水率之試驗法，僅需將骨材試樣量之多寡，以及所使用量瓶或容器之大小，皆予以適當改變，則本試驗之操作步驟與計算公式等，亦可應用於粗骨材之表面含水率試驗。

2-6-1 參考資料及規範依據

CNS 489 細粒料表面含水率之試驗法。

ASTM C70 Standard test method for surface moisture in fine aggregate.

2-6-2 目的

本項細骨材試驗，係規定使用試樣之體積排水法，進而試驗量測細骨材之表面含水率，以作為混凝土配比設計及混凝土拌製之參考。經計算所求得細骨材表面含水率之精確度，端視前述試驗所量測獲得，細骨材試樣之面乾內飽和容積比重，其值是否準確而定。

2-6-3 試驗儀器及使用材料

一、儀器：

  1.電子秤或天平：量秤 2 公斤之天平或電子秤一具，其靈敏度須 0.5 公克以內。

  2.量瓶：使用一具適當容積之量瓶或容器，其最佳製造材質，為玻璃或不易腐蝕之金屬，所製成之比重瓶或容積量器，須附有刻度刻劃之容積標誌，以利試驗時讀取記錄。量瓶或容器之容積約為 500 ml，應為

細骨材試樣鬆體積之二至三倍，其最小刻度為 5 毫升。

　3.烘箱。

　4.金屬盆或鋁盤。

二、材料：

　具有代表性之待測細骨材試樣最少 200 公克。

2-6-4 說明

一、本試驗法係適合應用於工地現場，水泥混凝土拌合廠若無烘乾試樣之乾
　　燥設備，惟已知細骨材試樣之面乾內飽和容積比重，則利用試樣之體積
　　排水法，量測此細骨材之表面含水量。

二、改變本細骨材試樣試驗中，所使用之量瓶尺寸及試樣重量，本試驗法亦
　　可應用於量測粗骨材試樣之表面含水率。

三、本試驗並非直接量測細骨材之表面含水率，須經一特定計算公式求得，
　　因此，細骨材表面含水率之準確性，將因公式中所選用細骨材面乾內飽
　　和容積比重，其值之正確性與否而有所影響。

2-6-5 試驗步驟

　本試驗有關細骨材試樣之體積量測，可由下列敘述之重量法或容積法擇
一進行，但此二種試驗方法，皆應於 18°C 至 30°C 溫度條件下進行操作。

一、重量法：

　1.先秤細骨材試樣重量，讀記為 W_S。

　2.量瓶擦拭乾淨後，將適當體積之水注入量瓶內，直至所預定之刻度，
　　例如，450 cc 刻劃處，擦拭量瓶外表之水與雜物，使其表面乾潔後秤
　　其重量，此時，內裝水至一特定刻度之量瓶總重量，記錄為 W_C。

　3.倒出量瓶內部分水，使所留存於量瓶內之水量，仍足夠淹沒細骨材試

樣，而且不至於造成添加試樣後之液面，高於量瓶原定之刻度。

4. 將重量 W_S 之細骨材試樣，倒入內含部分水之量瓶內，此時應加以搖晃瓶身，使細骨材試樣內之空氣逸出。

5. 待量瓶內細骨材試樣中已無空氣存在後，再慢慢加水至原定之刻度，秤其重量並記錄為 W。

6. 量瓶內因加入細粒料試樣，所排開同體積之水重，可由下式（式2-6-1）計算之。

$$V_S = W_C + W_S - W \tag{2-6-1}$$

式中 V_S：細骨材試樣所排開同體積之水重（公克）。

$\qquad$ W_C：內裝水至一特定刻度之量瓶總重量（公克）。

$\qquad$ W_S：細骨材試樣重量（公克）。

$\qquad$ W：細骨材試樣與加水至一預定刻度後量瓶之總重量（公克）。

二、容積法：

量瓶或容器內先注入自來水或蒸餾水，所倒入之水量，應足夠淹沒所有細骨材試樣，所注入之水量記錄為 V_1，其最小讀數應至毫升 (ml)。細骨材試樣秤量後，倒入量瓶或容器內，並排除其內部之空氣，若所使用之量瓶或容器具有刻度刻劃，則細骨材試樣及水之總體積，可由刻度上直接讀取並記錄為 V_2。若量瓶或容器僅具有一特定容積之刻度或標線，則此細骨材試樣與水之總體積，可由液面至此一容積刻度或標線，所需添加水量計算獲得。最後，細骨材試樣所排開同體積之水量，可用下式（式2-6-2）計算求得：

$$V_S = V_2 - V_1 \tag{2-6-2}$$

式中 V_S：細骨材試樣所排開同體積之水量（毫升）。

$\qquad$ V_2：量瓶內水與細骨材試樣之總體積（毫升）。

$\qquad$ V_1：量瓶內足以淹沒細骨材試樣所添加之水量（毫升）。

2-6-6　計算公式

一、當以面乾內飽和狀態為基準，則此細骨材試樣之表面含水率，可由下式
計算求得。

$$P = \frac{V_S - V_d}{W_S - V_S} \qquad (2\text{-}6\text{-}3)$$

式中 P: 以面乾內飽和狀態為基準之細骨材表面含水率 (%)。

V_d: 將細骨材試樣重量 W_S，除以面乾內飽和狀態細骨材之容積比

重 ρ_G，所計算獲得之重量值，亦即 $V_d = \dfrac{W_S}{\rho_G}$。

V_S: 細骨材試樣所排開同體積之水重量（公克）。

W_S: 細骨材試樣重量（公克）。

註 假設細骨材試樣之表面含水重量，與面乾內飽和狀態細骨材試樣之重量，其

比值為 P，當表面含水狀態細骨材試樣之重量 W_S 已知時，則面乾內飽和狀

態細骨材試樣之重量，可表示成 $\dfrac{W_S}{1+P}$，同時，比值 P 可進一步表示成

$P = \dfrac{W_S - \dfrac{W_S}{1+P}}{\dfrac{W_S}{1+P}}$，當面乾內飽和狀態細骨材試樣之容積比重 ρ_G 已知時，則面乾

內飽和狀態細骨材試樣所排開同體積之水重量，可表示成 $\dfrac{W_S}{\rho_G(1+P)}$，所以，

表面含水細骨材試樣所排開同體積之水重量，等於其表面水量，與面乾內飽和

狀態細骨材試樣所排開同體積水重之總和，亦即 $V_S = \dfrac{W_S}{\rho_G(1+P)} + W_S - \dfrac{W_S}{1+P}$，

此式可進一步改寫成下列關係式 $\dfrac{W_S}{1+P} = \dfrac{V_S - W_S}{\dfrac{1}{\rho_G} - 1}$，由於面乾內飽和狀態細骨

材試樣 $W_S = V_d \rho_G$，所以，當以面乾內飽和狀態為基準，此細骨材試樣之表面

含水率，可表示成如式 2-6-3 之關係式：$P = \dfrac{V_S - V_d}{W_S - V_S}$。

二、當細骨材試樣之吸水率已知時，可計算以烘乾狀態為基準之細骨材表面含水率，其計算公式如下（式 2-6-4）：

$$P_D = P[1 + (\frac{P_a}{100})] \tag{2-6-4}$$

式中 P_D：以烘乾狀態為基準之細骨材表面含水率 (%)。

P_a：細骨材試樣之吸水率 (%)。

P：以面乾內飽和狀態為基準之細骨材表面含水率 (%)。

2-6-7 注意事項

一、將細骨材試樣倒入量瓶或容器內，應搖動將細骨材試樣內空氣全部驅出，以避免影響試驗結果之正確性。

二、於讀取量瓶或容器之容積刻度時，需俟量瓶或容器內之液面穩定後，再予以讀記液面中間部位之刻度。

三、量瓶應放置於平坦而堅固之桌面，且本試驗應於試驗室溫度 18°C～30°C 之環境下，進行各項試驗操作。

四、由於本試驗法，使用面乾內飽和狀態細骨材之容積比重，進而計算獲得細骨材試樣之表面含水率，所以，應預先或重複試驗量測細骨材之容積比重，若採用已知試驗結果，務必確定使用相同批次之細骨材試樣。

2-6-8 試驗成果報告範例

進行細骨材表面含水率試驗三次，每次細骨材試樣重量 W_S，分別為 250、252、248 g，將室溫水倒入細骨材比重瓶內，直到 450 cc 刻劃處，其總重量 W_C 為 680 g，倒出比重瓶內部分水後，將全部細骨材試樣倒入此比重瓶中，再加水至 450 cc 刻劃處，量秤細骨材試樣與比重瓶之總重量 W 分別為

830、834、831 g。經其他細骨材比重試驗量測獲得，此細骨材試樣之面乾內飽和容積比重 $\rho_G = 2.63$，此細骨材試樣之吸水率則為 $P_a = 4.65\%$。試驗室溫度為 25.8°C，比重瓶內水溫為 21.1°C，則此細骨材試樣之表面含水率試驗成果報告如下。

骨材表面含水率試驗

骨材名稱：　　　××骨材　　　　　試驗室溫度：　　　25.8°C
取樣日期：　102 年 5 月 30 日　　　水　溫　度：　　　21.1°C
試驗日期：　102 年 6 月 7 日　　　　試　驗　者：　　　×××

項目	試驗值		
	1	2	3
細骨材試樣重量 W_S (g)	250	252	248
裝水至 450 cc 刻劃處之量瓶總重量 W_C (g)	680	680	680
倒入細骨材試樣後裝水至 450 cc 刻劃處之量瓶總重量 W (g)	830	834	831
細骨材試樣所排開同體積之水重 $V_S = W_C + W_S - W$ (g)	100	98	97
細骨材試樣之面乾內飽和容積比重 ρ_G	2.63	2.63	2.63
$V_d = \dfrac{W_S}{\rho_G}$ (g)	95.06	95.06	95.06
以面乾內飽和狀態為準之細骨材表面含水率 $P = \dfrac{V_S - V_d}{W_S - V_S}$ (%)	3.29	1.91	1.28
細骨材試樣之吸水率 P_a (%)	4.65	4.65	4.65
以烘乾狀態為準之細骨材表面含水率 $P_D = P[1 + (\dfrac{P_a}{100})]$ (%)	3.44	2.00	1.34

2–7 粗骨材磨損試驗——洛杉磯試驗機 (Test for Abrasion of Coarse Aggregate ——Los Angeles Machine)

2–7–1 參考資料及規範依據

CNS 490 粗粒料（38 mm 以下）磨損試驗法。

ASTM C29 Standard test method for resistance to degradation of large-size coarse aggregate by abrasion and impact in the Los Angeles machine。

ASTM C131 Standard test method for resistance to degradation of small-size coarse aggregate by abrasion and impact in the Los Angeles machine。

ASTM C535 Standard test method for resistance to degradation of large-size coarse aggregate by abrasion and impact in the Los Angeles machine。

2–7–2 目的

　　粗骨材所製成之水泥混凝土或瀝青混凝土，其於土木建築工程應用上，常承受動態荷重或瞬間摩擦力作用，若長期經歷此類重複性加載，最終可能造成粗骨材之磨損或衝擊破壞，因此，為評估粗骨材對長期連續動態、瞬時外載荷重之抵抗力，針對不同級配粗骨材試樣，使用一系列不同數量鋼磨球，藉洛杉磯磨損試驗機，量測粗骨材試樣之磨損程度，以判別粗骨材對動態衝擊載重所造成磨損之抵抗力，亦可藉此檢視其耐久性之優劣。

2–7–3　試驗儀器及使用材料

一、儀器：

1. 洛杉磯磨損試驗機：如圖 2–9 所示，由鋼鐵材料所製成兩端側面封閉之圓筒，此中空圓筒之內直徑為 711±5 mm，且其長度為 508±5 mm，同時，此圓筒弧面上，應設置一試樣進出開孔，以及一與開孔弧面相同之圓弧形蓋板，進行試驗前應將蓋板與圓筒拴緊，以避免粗骨材試樣與泥土粉塵等發生外漏。另外，此圓筒內須裝置一可移動之鋼檔板，檔板突出 89±2 mm 且其長度與量筒相等，裝置於與圓筒軸心平行，且距試樣進出開孔至少 1270 mm 處。亦可以角鐵代替鋼檔板，惟洛杉磯磨損試驗機轉動時，須使鋼磨球落下於角鐵之外側。

2. 標準篩：使用篩號 #12 之標準篩，其篩孔為 1.7 mm。

3. 天平或電子秤：其精度須達所量秤粗骨材試樣重量 0.1% 以內。

4. 烘箱。

5. 金屬盆或鋁盤。

6. 細銅刷：用以刷清停留於篩號 #12 標準篩上，已磨損之粗骨材試樣。

7. 鋼磨球：直徑約為 46.8 mm 之鋼製球，其重量介於 390～445 g 之間。

二、材料：

待測粗骨材試樣。

2–7–4　說明

一、混凝土乃藉由卜特蘭水泥漿或瀝青，膠結不同級配骨材所製成，當其應用於道路鋪面、機場跑道、水庫溢洪道、堤防或渠道時，遭受動態載重、摩擦力或衝擊力作用下，主要由骨材顆粒抵抗此類外加荷載，因此，骨材顆粒之強度、耐磨損與耐衝擊之能力，成為評估混凝土耐久性之一重要性質。

二、骨材顆粒主要區分為火成岩、沉積岩與變質岩等，不同岩石種類與粒徑，其微結構組織及孔隙分布與大小亦不同，導致其抵抗磨損與衝擊之能力不同，通常經風化後之骨材，其微結構中具較多孔隙與裂縫，導致強度與耐磨損能力等皆較低，不適宜添加於混凝土中。

三、水泥混凝土由水泥漿、細骨材與粗骨材所混拌製成，其中，水泥漿量較少且其強度較低，一般混凝土配比設計中，細骨材量低於粗骨材量，所以，顆粒大、價格低且添加量高之粗骨材顆粒，成為混凝土抵抗磨損與衝擊之主要材料。

四、粗骨材顆粒之堅硬程度與強度，可藉由經一特定重複動態荷重作用後，其磨損百分比大小加以判別，一優良粗骨材試樣之磨損率較低。

五、洛杉磯磨損試驗機，採用不同數量鋼磨球，於一圓筒轉動時自高處落下，動態撞擊不同級配粗骨材試樣，藉由試驗量測粗骨材顆粒之磨損百分比，提供判別粗骨材試樣堅硬程度、強度、耐磨損與衝擊能力之一快速檢驗法。

六、試驗原理：依據不同級配粗骨材試樣，選用不同數量鋼磨球，試驗前已知完全通過一特定篩號標準篩之粗骨材試樣重量，於洛杉磯磨損試驗機轉動過程中，鋼磨球將滾動落下，撞擊粗骨材試樣顆粒，待洛杉磯磨損試驗機，經過某一選定轉動次數後，藉由將粗骨材試樣倒出，並通過此一特定篩號標準篩，量秤殘留於此篩上之粗骨材試樣重量，可計算獲得其磨損百分比，進而判別此粗骨材試樣之耐磨損能力。

2–7–5　試驗步驟

一、試樣準備：

先清洗粗骨材試樣，再秤取適量粗骨材，將此粗骨材試樣置於 110±5°C 烘箱中，烘乾至恆重或 24 小時後，再將粗骨材試樣冷卻至室溫。

二、試樣秤取：

使用不同篩號之標準篩，將粗骨材試樣，依通過不同篩號尺度分堆放置，再依據表 2–3 試樣級配規定，此表中 A、B、C、D 四種不同級配粗骨材試樣之選定，取決於骨材顆粒之尺度分布，組合成所選定級配之粗骨材試樣與所需總重，將粗骨材試樣以篩號 #12 標準篩（篩孔 1.7 mm）搖篩之，量秤殘留於此篩上之粗骨材試樣總重，並記錄為 W_1，其值須準確至一公克。

表 2–3　不同級配粗骨材試樣所需粒徑分布與重量

試驗篩之標稱孔徑 (mm)		粗骨材試樣重量 (g)			
		級配			
通過	殘留	A	B	C	D
37.5	25.0	1250±25			
25.0	19.0	1250±25			
19.0	12.5	1250±10	2500±10		
12.5	9.5	1250±10	2500±10		
9.5	6.3			2500±10	
6.3	4.75			2500±10	
4.75	2.36				5000±10
總重量		5000±10	5000±10	5000±10	5000±10

三、洛杉磯磨損試驗之操作：

1. 將所選定級配粗骨材試樣，傾倒入洛杉磯磨損試驗機圓筒內，然後，依據所選定級配種類，放入不同數量之鋼磨球，當選定 A 級配粗骨材試樣時，鋼磨球數量為 12 且其總重為 5000±25 g，B 級配粗骨材試樣時，鋼磨球數量為 11 且其總重為 4584±25 g，C 級配粗骨材試樣時，鋼磨球數量為 8 且其總重為 3330±20 g，D 級配粗骨材試樣時，鋼磨球數量為 6 且其總重為 2500±15 g。

2. 將圓弧蓋板與圓筒確實拴緊，以避免試驗過程中，發生粗骨材試樣洩漏。

3. 啟動洛杉磯磨損試驗機開關，以每分鐘 30～33 轉之速度轉動，轉動時應保持平衡且能均勻轉動。

4. 持續轉動 500 轉後關閉開關，將圓筒內所有粗骨材試樣，倒入一金屬盆或鋁盤內，再使用 #12 篩號標準篩（篩孔 1.7 mm）加以搖篩之。

5. 殘留於此標準篩上之粗骨材試樣，須先用水清洗後，放置於 110±5°C 烘箱中烘乾至恆重，待其冷卻至室溫，量稱其重量並記錄為 W_2，須準確至一公克。

2–7–6　計算公式

粗骨材試樣之磨損率，乃將洛杉磯磨損試驗前後粗骨材試樣之差值，亦即經鋼磨球落下撞擊後，碎裂為粒徑小於 1.7 mm 之粗骨材試樣總重，然後，再將其與試驗前粗骨材試樣總重之比值，以重量百分比表示之：

$$磨損率 = \frac{W_1 - W_2}{W_1} \times 100 \ (\%) \tag{2–7–1}$$

式中 W_1：洛杉磯磨損試驗前粗骨材試樣之總重（公克）。

　　　W_2：洛杉磯磨損試驗，經轉動 500 轉後粗骨材試樣之總重（公克）。

2–7–7　注意事項

一、粗骨材試樣於洛杉磯磨損試驗轉動 100 轉後，與其轉動 500 轉後，磨損率之比值小於 0.2 者，可視為一硬度均勻之粗骨材。

二、具類似礦物成分之粗骨材試樣，經洛杉磯磨損試驗所量測獲得之磨損率愈低者，代表其微結構組織較緻密且孔隙較少。

三、不同礦物成分之粗骨材試樣，無法藉由洛杉磯磨損試驗所量測獲得之磨損率，直接判別彼此強度、硬度、微結構緻密性與孔隙率等之高低。

2-7-8　試驗成果報告範例

進行粗骨材洛杉磯磨損試驗三次，分別選定待測粗骨材試樣之 A、C、B 級配，洛杉磯磨損試驗前粗骨材試樣之總重 W_1，分別為 4995、5002、5009 g，經洛杉磯磨損試驗轉動 500 轉後，量稱殘留於 #12 篩號標準篩上之粗骨材試樣重量 W_2，分別為 4289、4267、4312 g，試驗室溫度為 32.5°C 且相對溼度為 87%，則此粗骨材試樣之洛杉磯磨損試驗成果報告如下。

粗骨材磨損試驗──洛杉磯試驗機

骨材種類:	××粗骨材	試驗室溫度:	32.5°C
取樣日期:	102 年 8 月 20 日	相 對 溼 度:	87%
試驗日期:	102 年 8 月 22 日	試 　驗 　者:	×××

項目	試驗值		
	1	2	3
粗骨材試樣級配	A	C	B
洛杉磯磨損試驗前粗骨材試樣之總重 W_1 (g)	4995	5002	5009
洛杉磯磨損試驗轉動 500 轉後粗骨材試樣之總重 W_2 (g)	4289	4267	4312
粗骨材試樣之磨損率 $= \dfrac{W_1 - W_2}{W_1} \times 100$ (%)	14.1	14.7	13.9
粗骨材試樣平均磨損率 (%)	14.2		

■ 圖 2-9　洛杉磯磨損試驗機

第三章　混凝土

　　將膠結材與級配骨材，依不同比例拌合所製成者，可稱之為混凝土 (Concrete)，包括水泥混凝土與瀝青混凝土，惟一般混凝土係指水泥混凝土，主要由水泥、水、細骨材與粗骨材等混合所製成。混凝土具有造型容易、就地取材方便、施工迅速省時、耐火與隔熱性佳、較高抗壓強度等優點，使得混凝土已成為現今一重要土木建築材料。但由於混凝土自重大、易形成孔隙與裂縫、品質控制及現場施工管理不易等缺失，使得混凝土抗彎及抗拉強度較低，於承受外載力作用時，易產生龜裂與剝落等現象，導致混凝土強度與耐久性皆降低。由於混凝土品質之優劣，將直接影響人民生命安全與財產保障，所以，新拌與硬固混凝土之品質控制愈顯重要。一優良混凝土，必須同時滿足流動性、強度、耐久性及經濟性等，為符合此四種基本要求，必須藉由相關試驗檢測與現場施工管理，以提升新拌與硬固混凝土之品質。

3-1 混凝土取樣法
(Method of Sampling for Fresh Concrete)

3-1-1 參考資料及規範依據

CNS 1174 新拌混凝土取樣法。

ASTM C172 Standard practice for sampling freshly mixed concrete。

3-1-2 目的

規定如何由施工現場或預拌廠之新拌混凝土中，取出足夠代表所有混凝土材料之試樣，進行相關試驗量測，以決定其品質是否符合規範要求之取樣法。

3-1-3 取樣一般規定

一、若採取混合試樣者，由於取樣次數較多，花費時間若過長，將影響新拌混凝土之流動塑性，所以，取樣工作應儘速完成，從開始取樣至混合試樣完成之時間，不得超過 15 分鐘。

　　1. 將所採取之試樣，運送至拌合混凝土之試驗室，或製造混凝土試體之地點，皆須以圓鍬或鐵鏟等工具，採用最小拌合動作，將混凝土試樣拌合均勻完全。

　　2. 每一混凝土試樣，須於取樣完成後 5 分鐘內，即刻進行混凝土坍度試驗，或混凝土含氣量試驗、或上述兩者之試驗，並且快速完成試驗量測。採用混合試樣者，於混合試樣拌合均勻後 15 分鐘內，須開始進行製作混凝土強度試體。不論每一試樣或混合試樣，由取樣開始至試驗檢測或製作試體，所花費時間應儘可能縮短。另外，於此期間內應保

護混凝土試樣，避免受到其他雜質之汙染，同時，應避免太陽直接照射、強風吹拂或其他環境因素之作用，造成新拌混凝土試樣內之水分迅速蒸散，進而影響相關試驗結果之正確性。

二、取樣數量：

試驗所需之混凝土取樣數量，隨試驗種類不同而不同，其中，應用於強度試驗之混凝土試樣，其取樣數量不得少於 28 公升，若應用於空氣含量及坍度等一般試驗之混凝土試樣，其取樣數量可酌予減少，惟取樣數量須依骨材最大粒徑不同而改變，亦即骨材最大粒徑較大者，其混凝土取樣數量自然較多。

三、通常應於混凝土輸送至模板過程中之設備上，進行混凝土取樣工作，如此，可確保澆注前之混凝土試樣品質。惟買賣雙方或相關規範，亦可訂定於其他地點進行取樣工作，例如，混凝土泵送管線之出口處，混凝土預拌車下料管口，或預拌廠拌合室出料口等，亦可進行取樣工作。

3-1-4 取樣步驟之規定

一、固定拌合機之取樣：

混凝土取樣時，所需試樣須由一暫存容器內，例如，拌合機或預拌車，將已拌合完成之混凝土，先傾卸其 $\frac{1}{4}$ 體積量之混凝土後，依一定規律時間或數量間隔，進行 2 次或 2 次以上之取樣工作，此取樣工作必須於傾卸 $\frac{3}{4}$ 體積量之混凝土前完成，千萬不可於傾卸混凝土開始時或完畢時，進行取樣工作。進行取樣工作時，混凝土取樣接受器之擺放位置，須完全橫放於正在傾卸之混凝土中央部位，或將其放置於使混凝土完全直接流入內之處所。若混凝土之傾卸流動速度太快，無法使全部卸流混凝土轉向至取樣接受器內時，應先將混凝土傾流入一足以容納整盤拌合混凝土之容器或輸送設備，然後，再依據前述取樣方式進行取樣工作。

取樣時應注意，由拌合機、預拌車、其他容器或輸送設備傾卸混凝土時，不得使混凝土之卸流受到任何拘束，以避免產生粒料分離現象。本固定拌合機取樣方法，由取樣開始至完成取樣工作，不宜超過 15 分鐘，另外，本取樣方法不適宜鋪面拌合機之取樣工作。

二、鋪面拌合機之取樣：

經鋪面拌合機拌合完畢之混凝土，待其鋪設於路基上後，可於路基上之混凝土堆中，選定五個不同處所，分別進行混凝土試樣之採取，若試驗項目需要可再混合為一，惟取樣之五個不同處所，須選擇混凝土未遭受路基材料汙染，或其未與吸水性路基材料長時間接觸之部位。為避免所採取之混凝土試樣，遭受路基材料汙染或吸收其內部分拌合水，進行混凝土鋪設路面前，於路基材料之頂面上，預先放置三個容器，待鋪設路面時，再分別將混凝土卸注入此三容器內，再依試驗目的需要混合成一試樣。此預先放置三容器之大小，取決於骨材最大粒徑及所需混凝土試樣數量，亦即骨材最大粒徑較大及所需混凝土試樣較多者，所須選用之容器其容積較大。

三、轉動中之鼓式拌合車或攪拌車之取樣：將拌合車或攪拌車內已拌妥之混凝土，先傾卸其 $\frac{1}{4}$ 體積量之混凝土後，依一定規律時間或數量間隔，進行 2 次或 2 次以上之取樣工作，此取樣工作必須於傾卸 $\frac{3}{4}$ 體積量之混凝土前完成，同時，全部取樣工作須於 15 分鐘內完成，再依試驗目的需要將其混合成一試樣。另外，拌合車或攪拌車內混凝土未拌合完成前，皆不得進行取樣工作，亦不得於每批次混凝土傾卸開始時或完畢時，進行取樣工作。進行取樣時，混凝土取樣接受器橫放於正傾卸之混凝土中央部位，或使混凝土完全直接流入內之處。為縮減混凝土取樣所花費時間，可調節鼓式拌合車或攪拌車之圓鼓轉速，以調整混凝土之卸流量，而非改變下料管開口大小。

四、由開頂式拌合車、攪拌車、非攪拌設備或其他開頂式容器，進行混凝土
　試樣之取樣工作，可參照上述固定拌合機之取樣、鋪面拌合機之取樣、
　轉動中之鼓式拌合車或攪拌車之取樣等，所敘述之取樣方法與步驟，選
　擇一符合相關規定條件者之取樣方法並應用之。

3–1–5　特大粒料混凝土之特別取樣步驟

　　當混凝土試樣中所含較大骨材顆粒之粒徑，大於所使用試體模或量測設
備所允許之適當尺寸時，僅可應用於量測大小不同骨材，所製成混凝土之單
位質量試驗，否則應採用下述溼篩法，篩選分離此混凝土試樣中之較大骨材
顆粒。

一、溼篩對試驗結果之影響：

　　溼篩混凝土試樣將對試驗結果產生影響，例如，經溼篩後之混凝土試樣，
　由於增加操作而損失少量空氣，進而減少混凝土試樣內之空氣含量，但
　是，溼篩後混凝土試樣，因已剔除較不含空氣之較大骨材顆粒，造成其
　空氣含量，高於未進行溼篩操作混凝土原試樣之空氣含量，另外，溼篩
　後混凝土試樣之強度,較原混凝土試樣所製成較大尺度試樣之強度為大。
　上述因溼篩對試驗結果所造成之差異與影響，皆須配合其他試驗加以評
　估或重測定之，以供混凝土試樣品質管制或試驗結果評估之參考。

二、試驗設備：

　1.一特定篩號之試驗篩，須依 CNS 386 標準篩之相關規格。
　2.溼篩設備：具有足夠容量之手搖式或機械式搖篩設備，以剔除混凝土
　　試樣中較大骨材顆粒，通常採用水平前後運動之搖動方式。
　3.使用圓鍬、杓子、鏝刀、橡皮手套等工具。

三、溼篩取樣步驟：

　　混凝土試樣完成取樣工作後，將其通過一特定篩號之試驗篩，然後，剔除殘留於此試驗篩上之骨材顆粒，此溼篩取樣步驟，須於混凝土試樣重新拌合前完成之。進行混凝土試樣溼篩時，使用手搖式或機械式搖篩設備，水平前後運動搖動或振動此試驗篩，當無任何小於此一特定粒徑之骨材殘留於試驗篩上，方才停止搖篩運動。殘留於試驗篩上之水泥砂漿，於較大骨材顆粒剔除前，不得擦拭抹去，而且每次操作混凝土試樣溼篩後，僅放置適量體積之混凝土於試驗篩上，使得經溼篩後殘留試驗篩上之粒料層厚度，不超過 1 個骨材顆粒高度。至於通過試驗篩之混凝土，落入經溼潤具適當尺寸之拌合盤內，或落入具清潔、溼潤、非吸水性之一平面上，然後，將所有沾附於溼篩設備邊緣上之水泥砂漿，刮入拌合盤內，剔除較大骨材顆粒後，使用圓鍬並以最小拌合動作，將拌合盤內或平面上之混凝土試樣重新均勻拌合後，立即進行相關試驗量測。

3-2 混凝土坍度試驗 (Slump Test for Concrete)

3-2-1 參考資料及規範依據

CNS 1176 混凝土坍度試驗法。

ASTM C143 Standard test method for slump of hydraulic-cement concrete。

3-2-2 目的

新拌混凝土之流動性 (Flowability) 或工作性 (Workability)，將影響澆注混凝土時，其輸送速度及填充鋼筋與模板間空隙之能力，新拌混凝土流動性之快慢，與所添加之拌合水量多寡有關，一般於施工現地或實驗室，為檢測新拌混凝土之流動性，採用簡單易操作之坍度試驗法，以快速判定新拌混凝土之稠度，間接驗證新拌混凝土之流動性。

3-2-3 試驗儀器及使用材料

一、儀器：

1. 坍度模：坍度模之外觀與相關尺寸，如圖 3-1 所示，此係一用以澆製混凝土坍度試驗試體之模具，由於試驗過程必須將混凝土倒填入此模內，所以，應採用與水泥漿不會快速產生侵蝕作用之金屬板所製成。坍度模具為一平截圓錐體，上下兩面內側皆存在一開口，彼此相互平行且與中央縱錐軸垂直，頂部內直徑為 102 mm，底部內直徑則為 203 mm，模壁上任何一點之厚度，不得小於 1.14 mm，模具高度為 305 mm。坍度模具之兩側垂直面下方，皆附掛一踏腳鐵片，上方則皆設有一把手，分別用於搗實混凝土與提起坍度模具。

2. 墊底鐵板。

3. 搗棒：如圖 3-1 所示，用於試驗時搗實坍度模內之混凝土試樣，為一

剖面直徑 16 mm，長度約 600 mm 之圓型直鋼棒，其中一端為直徑 16 mm 之半球體形。

4. 刮平刀。

5. 量測直尺。

6. 抹布。

7. 小鐵盤。

8. 臺秤或電子秤：須符合標準局規定之精度。

二、材料：

依規定取樣數量及具代表性之混凝土試樣，並且於試驗量測前，先將其混合後再拌合均勻。

3-2-4　說明

一、所謂坍度 (Slump)，係指將新拌水泥混凝土倒置入一高度 30 公分之坍度模內，進行搗實操作後，沿垂直方向快速提起坍度模後，新拌混凝土頂部，於垂直方向坍塌落下之高度大小。一般而言，如果新拌混凝土之坍度較大者，代表其流動性較佳，亦即其稠度較小，此乃因水泥混凝土所添加之拌合水量較多，骨材顆粒間摩擦力較小，使其具良好流動性，且易於施工操作。相反地，如果新拌混凝土之坍度較小者，則其稠度大，當水泥混凝土所添加之拌合水量較少時，由於流動性較差，甚至不具流動性，通常現地施工操作較困難。

二、新拌混凝土坍度大者，其配比設計之水灰比 $\dfrac{W}{C}$ 亦大，往往導致發生粒料析離之現象，進而減損其硬固後之抗壓強度。新拌混凝土坍度小者，其配比設計之水灰比較小，反而硬固後具有較高之抗壓強度，惟此新拌混凝土之工作性較差，澆注後不易搗實操作，硬固後混凝土微結構易生成孔隙與裂縫等缺陷，故考量工作性與抗壓強度，新拌混凝土應具有一

適當之坍度。

三、新拌混凝土於進行澆注與搗實時，若所添加水量過少，則此混凝土之流動性差，不利於澆注與搗實之施工，如此，將成為一工作性不佳且稠度大之硬混凝土。但若所添加水量過多時，則骨材與水泥可能產生相互析離行為，反而形成一不均勻混凝土，如此，其工作性亦屬不良，由於此類新拌混凝土之稠度仍過大，並不屬於一般規定之軟混凝土。目前，為增加混凝土施工時之工作性，一般配比設計中皆採用添加減水劑 (Water-reducing admixture) 或強塑劑 (Superplasticizer) 等方式，以避免因添加過量拌合水所造成之缺失。

四、混凝土澆注與搗實施工之工作難易度，除與其所添加拌合水量（亦即水灰比 $\dfrac{W}{C}$）有關外，尚可能因骨材級配、粒料形狀與表面組織、水泥細度與使用量、減水劑或強塑劑所添加劑量等不同而影響。

五、試驗原理：將已拌合完成之混凝土，分層填裝入一已知高度之坍度模內，經依規定步驟搗實後，沿垂直方向快速提起坍度模具，使具不同流動性之混凝土模體，產生不同程度之落下坍塌，經由量測坍塌後混凝土模體之高度，再與原先坍度模之高度相互比較，即可計算獲得混凝土模體落下坍塌之深度，此乃新拌混凝土之坍度大小。

3–2–5　試驗步驟

一、先以抹布擦拭坍度模具外側，使之潔淨無泥土粉塵，再以抹布潤溼坍度模內面，並將坍度模放置於一不吸水之平面墊底上，通常使用鐵板或鋁盤，然後，雙腳分別踏緊坍度模底部兩側之腳片，將坍度模固定於鐵板上，俾防其底部滲水。以直尺量測坍度模之中心高度，記錄為 H_1。

二、將新拌混凝土試樣，分三層逐次裝填入坍度模內，每層裝填試樣量約為模體總體積之 $\dfrac{1}{3}$，亦即第一層裝填總體積 $\dfrac{1}{3}$，約略裝填至坍度模高度

67 mm 處，第二層則裝填總體積 $\frac{2}{3}$，裝填至坍度模高度約 155 mm 處，第三層則填滿所有試樣總體積，亦即裝填至坍度模頂部高度約 305 mm 處，當考量經後續搗實後，模內混凝土試樣之高度，須與坍度模頂部之高度相同，因此，第三層需裝填入稍多之混凝土試樣，使其頂點略高於坍度模頂部。

三、每一層裝填混凝土試樣後，即以搗棒於各層剖面均勻搗實 25 次，每次進行搗實時，所需施加之力，恰使搗棒前端貫穿至下一層之頂面為止。每一層搗實之次序，乃先於坍度模內壁周圍邊緣處，採用沿模壁傾斜角度之方向搗插至少 12 次，依螺旋行徑逐次由邊緣往中心處垂直搗插共計 25 次。搗實最上層時，應使裝填之混凝土試體表面略高於坍度模頂部，於搗實過程中，若發現混凝土試體表面低於坍度模頂部，應馬上再次裝填額外混凝土試樣，待經上述步驟搗實 25 次後，以搗棒將多餘混凝土試樣刮除，使得混凝土試體表面與坍度模頂部齊平。

四、立即小心地將坍度模具，沿垂直方向往上提起，提模過程中必須於 5 至 7 秒時間內，以等速度沿中心垂直線提起 300 mm 之高度，避免碰觸混凝土模體造成側移或旋轉。由混凝土開始裝填入坍度模內，至完成坍度模具之提起動作，整體試驗過程必須於 2.5 分鐘內完成。

五、立即以量測直尺，丈量已坍塌之混凝土模體高度，並記錄為 H_2，或將坍度模放置於已坍塌混凝土模體旁邊，再以直尺量測坍度模頂面，與已坍塌混凝土模體頂面中心點之垂直距離，即為此混凝土試體之坍度。

3-2-6　計算公式

混凝土坍度 (cm) = 坍度模頂面中心點高度 (cm) − 已坍塌混凝土模體高度 (cm)

$$= H_1 - H_2 \tag{3-2-1}$$

式中 H_1：坍度模頂面中心點高度 (cm)。

　　H_2：已坍塌混凝土模體高度 (cm)。

3–2–7　注意事項

一、本試驗法適用於骨材最大粒徑 38 mm 以下之混凝土，不適用於無黏性、無塑性或骨材粒徑 38 mm 以上之混凝土。

二、混凝土試樣進行坍度試驗時，所鏟取之混凝土試樣應均勻分布，不可偏重於某一處所，以避免拌混不均勻時，可能影響所量測坍度值之正確性。於裝填混凝土試樣時，宜將試樣環繞坍度模頂部徐徐傾注，使其沿坍度模壁之周邊向下流注，避免產生粒料析離與水分滲出等缺失。

三、搗實完畢刮平坍度模頂部混凝土試樣時，不能對混凝土試樣施加壓力，以避免造成原先混凝土模體高度不及 30 公分，進而影響所量測之混凝土坍度。

四、垂直提起坍度模具後，若混凝土模體傾瀉而下，其滑動表面成為一傾斜面，或側面部分坍落時，則此次試驗結果應予捨棄，另取其餘之混凝土試樣重新試驗。但若連續兩次試驗結果，皆發生上述模體傾瀉成一傾斜面之狀況，顯示此混凝土試樣缺乏塑性及凝聚性，其可能原因為骨材屬均勻級配，或水泥品質不佳，應判定混凝土之品質不合格，務必捨棄不用，並檢討發生可能原因。

五、混凝土坍度試驗時，若混凝土模體坍陷不平均時，則可分別量測高處與低處之坍度值，然後再取其平均值。

六、使用搗棒進行搗插時，應以圓頭棒端部分為之，同時，為防止坍度模底部發生滲水現象，宜加墊 30 公分正方形之橡皮板。

七、將坍度模具垂直提起之動作，不得產生轉動或歪斜之現象，且應於 5 至 7 秒鐘內完成提起動作，提起速度不得太快或太慢，另混凝土試樣自開

始填模至試驗完成為止，務必於 2.5 分鐘內完成之，以避免因水分流失而影響試驗結果之正確性。

八、如連續進行坍度試驗二次，所量測獲得坍度值之差異高達 2.5 cm 以上時，則必須另外試驗一次，由三次試驗結果相互比較後，捨棄其中一坍度值，再計算其餘兩坍度值之平均值。

九、本試驗法亦可使用振動器搗實之，同時，本坍度試驗僅量測混凝土之剪力性質，惟混凝土之流動性，係與質流性 (Rheology) 具密切關聯性，須藉由其他質流儀器設備量測獲得。

3-2-8　試驗成果報告範例

進行混凝土坍度試驗三次，所使用坍度模之中心高度 H_1 為 30.5 cm，完成坍度模具之提起動作，立即以直尺量測已坍塌混凝土模體高度 H_2，分別為 18、19、17 cm，試驗室溫度為 25.8°C 且相對溼度為 72%，則此混凝土試樣之坍度試驗成果報告如下。

混凝土坍度試驗

混凝土廠牌：　　××混凝土　　　　試驗室溫度：　　25.8°C

製造日期：　102 年 3 月 18 日　　　相對溼度：　　72%

試驗日期：　102 年 3 月 18 日　　　試驗者：　　×××

項目	試驗值		
	1	2	3
坍度模中心高度 H_1 (cm)	30.5	30.5	30.5
坍塌混凝土模體高度 H_2 (cm)	18	19	17
混凝土坍度 $= H_1 - H_2$ (cm)	12.5	11.5	13.5
混凝土坍度平均值 (cm)	12.5		

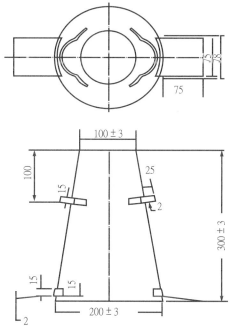

■ 圖 3-1　坍度模之外觀與相關尺寸

3-3 混凝土之單位重、拌合體積與含氣量試驗 (Test for Unit Weight, Yield and Air Content of Concrete)

3-3-1 參考資料及規範依據

CNS 11151 混凝土單位重、拌合體積及含氣量（比重）試驗。

ASTM C138 Standard test method for density (unit weight), yield, and air content (gravimetric) of concrete。

3-3-2 目的

　　將卜特蘭水泥、細骨材、粗骨材與拌合水混拌製成混凝土，為了解新拌混凝土內各組成材料之堆積排列緊密程度，藉由本試驗可量測獲得新拌合混凝土之單位體積重量 (Unit weight)。同時，由試驗結果可計算求得，此新拌混凝土每一單位體積內，所含有之水泥量 (Cement content)、粗骨材量、細骨材量與含氣量 (Air content)。另外，比較試驗量測所得混凝土實際拌合體積 (Yield)，與計算求得配比設計理論體積之差異，以提供混凝土配比設計中，計算一已知各組成材料配合比例，所拌製混凝土之拌合體積、空氣含量、水泥含量等。

3-3-3 試驗儀器及使用材料

一、儀器：

　　1.量桶：如圖 3-2 所示，由鋼鐵或其他金屬材料所製成，為一具有把手與底部，且不滲漏水之圓形容器，使用前須進行量桶容積之量測，而且量桶壁厚度，足夠提供抵抗量桶內側承受重量所需之剖面剛性，俾

於裝填混凝土試樣時，或操作單位重量測時，圓桶不致產生過度變形，進而改變其容積與試驗結果。試驗所需使用之量桶容積大小，須依據混凝土試樣中，骨材粒料之最大粒徑選用之，表 3–1 所列，乃針對不同骨材粒料最大粒徑之混凝土試樣，進行單位重試驗時，必須選取量桶之最小容積。

▎ 表 3–1　量桶之最小容積

粗骨材顆粒之最大粒徑 （相當篩號上殘留粒料 10%） (mm)	量桶最小容積 （考量磨損得縮減容積 5%） (ℓ)
25.0	6
37.5	11
50.0	14
75.0	28
114.0	71
152.0	99

2. 搗棒：為一圓形鋼棒，其剖面直徑 16 mm 且長度約 60 cm，搗棒其中一端為直徑 16 mm 之半圓形棒頭。

3. 振動器：如圖 3–3 所示，屬於一種電動機驅動之內部振動機 (Internal vibrator)，其外徑 19～38 mm 且軸長至少 600 mm，使用振動器時，其振動頻率須每分鐘至少 7000 次。

4. 木槌：用於敲擊量桶側面，以使桶內混凝土試樣所含空氣逸出，木槌之頭部，應由橡膠質或牛皮所製成者。當所選用量桶容積 14 ℓ 以下時，木槌重量應為 0.57±0.23 kgf。

5. 刮板：混凝土試樣裝填入量桶後，用於刮平量桶頂部之混凝土試樣，使其平整於量桶頂面。可選用之長方形扁平刮板，包括厚度 6 mm 以上之金屬板，或厚度 12 mm 以上之玻璃板或壓克力板，刮板之長度與寬度，皆應大於量桶直徑 50 mm 以上。

6. 電子磅秤或天平：使用能量秤含空桶及混凝土載重 600 kgf / m³ 之天平或電子磅秤，且其精確度須達 0.3%。

7. 小鐵鏟。

8. 玻璃平板：厚度 6 mm 以上之玻璃板，用於量桶容積之校正，其長度與寬度皆應大於量桶直徑 25 mm 以上。

9. 刮平刀。

10. 抹布。

二、材料

待測新拌混凝土試樣。

3–3–4　說明

一、 拌製混凝土時，所使用粗細骨材之級配、比重、最大粒徑尺寸，以及水泥量、拌合水量、空氣含量、天候乾溼狀況等，皆將影響新拌混凝土內各組成材料堆積排列之緊密程度，進而影響新拌混凝土之單位重。

二、 新拌混凝土於硬固過程中，由於部分水分持續蒸散，導致混凝土之體積漸次縮減，因此，混凝土硬固後其單位重必然增加。若一新拌混凝土之單位重，雖較另一已硬固者為大，然此新拌混凝土經乾燥硬固後，其減少之重量必較大。

三、 本試驗量測獲得之相關參數與數據，可提供混凝土構造物之自重計算、材料量估算及工程單價分析等，不可缺少之參考與依據。由量測所得混凝土單位重，可計算混凝土構造物之自重，另由試驗所得混凝土拌合體積，可估算一土木建築工程中，混凝土所需各材料總量，進而可分析工程單價與營造成本。另外，試驗所獲得之水泥係數，可預估混凝土構造物所需全部水泥量及袋數，另一試驗所得之空氣含量，為配比設計及混凝土施工上之一重要參數，尤其對混凝土耐久性之影響甚大。

四、未硬固新拌混凝土之單位重 2.0 tf/m³ 以下者，稱之為輕質混凝土 (Lightweight concrete)，一般應用於隔熱與隔音等目的之泡沫混凝土 (Foamed concrete)，其單位重約介於 1.0～0.4 tf/m³ 之間，至於新研發之蜂巢式輕質混凝土 (Honeycomb-like concrete)，其單位重可進一步降低。

五、為達到遮蔽原子能放射線，以避免輻射外洩，通常核能電廠或相關設施之混凝土工程，採用高比重骨材所製成新拌混凝土，例如，重晶石、磁鐵礦、褐鐵礦、鋼鐵碎塊等重質骨材 (Heavy-weight aggregate) 所拌合成之混凝土，其單位約介於 3.2～5.0 tf/m³ 之間。

六、一般量測空氣含量之儀器設備，可應用於量測新拌混凝土之單位重、拌合體積及含氣量等試驗。

3–3–5 試驗步驟

一、量桶容積之校正：

1. 將量桶內外兩側及玻璃平板內外兩面，均先予以擦拭乾淨，再量秤量桶與玻璃平板之總重量，記錄為 W_1，其重量值須準確至 0.05 公斤。

2. 將量桶放置於一平穩堅固之地面上，然後注入室溫清水，直至溢滿量桶為止，再使用玻璃平板由量桶頂面漸次壓下，使多餘清水溢出量桶外，而且量桶內不得存有任何氣泡。

3. 將量桶外表及玻璃平板頂面之水分，分別擦拭乾淨後，量秤裝滿室溫水之量桶與玻璃平板之總重量，並記錄為 W_2，須準確至 0.05 公斤。

二、倒出量桶內之室溫清水，將新拌混凝土裝填入量桶內，為避免過度減損混凝土試樣內之含氣量，裝填完畢後，若使用小於 11 ℓ 量桶者，採用搗插法進行壓實工作，當使用大於 11 ℓ 量桶者，則依混凝土試樣之坍度大小，可分別選定下列方式與步驟，進行量桶內混凝土之搗實操作：

1. 振動法：混凝土試樣坍度小於 25 mm 時，將其分二層裝填入量桶內，每層搗實皆使用振動法，每層皆選定三個不同位置，開啟振動器振實至無大量氣泡冒出為止。振動底層時，振動器不可碰觸量桶底部與側面，惟振動上層時，振動器可深入底層約 25 mm 處搗實。

2. 搗插法：混凝土試樣之坍度大於 75 mm 時，將其分三層裝填入量桶內，每層皆以搗棒均勻搗實 25 次，當骨材粒徑較大使用容積 28 ℓ 之量桶者，則須以搗棒搗實 50 次。其中，搗插上層與中層時，搗棒可深入其下一層約 25 mm 處，至於搗插底層時，搗棒則應觸及量桶底部。每層均勻搗實完成後，使用木槌沿量桶之側面輕敲 10～15 次，或敲至該層表面不再發現氣泡為止。

3. 當混凝土試樣之坍度介於 25～75 mm 時，可採用上述任一方式與步驟進行搗實，不論採用何種方式，均應垂直搗實並深入下層至少 25 mm。

三、混凝土試樣搗實完畢後，若量桶內混凝土試樣稍有不足，可額外補足之，最理想狀態為混凝土試樣，較量桶頂面高約 3 mm，若混凝土試樣過多，則使用刮刀將其頂面刮平，再以玻璃平板壓實整修。

四、清除量桶側面殘留之混凝土，然後，量秤玻璃平板、量桶及其桶內混凝土試樣之總重量，並記錄為 W_3，亦須準確至 0.05 公斤。

3–3–6 計算公式

一、混凝土試樣之單位重量：

1. 混凝土試樣之淨重 W：

$$W = W_3 - W_1 \tag{3-3-1}$$

2. 量桶之容積 V_1：

$$V_1 \text{ (m}^3\text{)} = \frac{W_2 - W_1}{\gamma_W} \tag{3-3-2}$$

式中 γ_W：室溫水之單位重 $(\text{kgf} / \text{m}^3)$。

3. 新拌混凝土試樣之單位重 UW：

$$UW \text{ (kgf} / \text{m}^3\text{)} = \frac{W_3 - W_1}{V_1} \tag{3-3-3}$$

二、每一盤拌合之混凝土拌合體積 (Yield) Y：

$$Y = \frac{W_C + W_{fa} + W_{ca} + W_W}{UW} \tag{3-3-4}$$

式中 Y：每一盤拌合產生之混凝土拌合體積 (m^3)。

UW：混凝土試樣之單位重 $(\text{kgf} / \text{m}^3)$。

W_C：每一盤拌合所使用之水泥總重 (kgf)。

W_{fa}：每一盤拌合所使用之細骨材總重 (kgf)。

W_{ca}：每一盤拌合所使用之粗骨材總重 (kgf)。

W_W：每一盤拌合所添加之拌合水總重 (kgf)。

三、產量：

$$S = \frac{Y}{N} \tag{3-3-5}$$

式中 S：每一袋水泥所能拌製成之混凝土量 (m^3)。

N：$\dfrac{W_C}{\text{每一袋水泥重量}}$ （袋）。

四、水泥係數 (Cement factor)：

$$N_1 = \frac{1}{S} = \frac{N}{Y} \quad (袋 / m^3) \tag{3-3-6}$$

式中 N_1：拌製成一單位體積 (m^3) 混凝土所需之水泥袋數。

五、空氣含量：

$$A = \frac{T - UW}{T} \times 100 \ (\%) \tag{3-3-7}$$

或　$$A = \frac{S - V}{T} \times 100 \ (\%) \tag{3-3-8}$$

式中 A：混凝土試樣中之空氣含量 $(\%)$。

　　UW：混凝土試樣之單位重 (kgf / m^3)。

$$T = \frac{W_T}{V} = \frac{W_T}{\dfrac{W_W}{\gamma_W} + \dfrac{W_{fa}}{\gamma_{fa}} + \dfrac{W_{ca}}{\gamma_{ca}} + \dfrac{W_C}{\gamma_C}}$$

　　　 = 不考慮空氣含量，理論計算之混凝土單位重 (kgf / m^3)。

　　W_T：每一盤拌合所使用粗骨材、細骨材、水泥與水之總重 (kgf)。

　　　 $= W_{ca} + W_{fa} + W_c + W_W$

　　V：每一盤拌合所使用粗細骨材、水泥與水之絕對體積總和 (m^3)。

　　γ_{fa}：細骨材之單位重 (kgf / m^3)。

　　γ_{ca}：粗骨材之單位重 (kgf / m^3)。

　　γ_c：水泥之單位重 (kgf / m^3)。

　　γ_W：水之單位重 (kgf / m^3)。

註 1. 上述粗骨材比重 $\rho_{ca} = \dfrac{\gamma_{ca}}{\gamma_W}$ 與細骨材比重 $\rho_{fa} = \dfrac{\gamma_{fa}}{\gamma_W}$，與每一盤拌合所使用重量，皆以面乾內飽和狀態骨材試樣為計算基準。

2. 水泥之比重 $\rho_C = \dfrac{\gamma_C}{\gamma_W}$，除實際量測外，通常設定為 3.15。

3–3–7　注意事項

一、通常量桶容積 11 ℓ 以上，而且混凝土試樣之坍度 25 mm 以下時，應使用內部振動器搗實，直至混凝土試樣表面呈現平滑且光亮。量桶容積小於 11 ℓ 者，一般均以搗棒壓實。

二、使用振動器時所需振動之時間，可依混凝土之工作性，以及振動器之效率而決定，因為過度振動，可能使骨材粒料產生析離現象。

三、新拌混凝土試樣裝填入量桶內，經充分搗實後，其高於量桶頂面之厚度，以 3 公釐最適宜。

四、本混凝土單位重試驗法，於計算混凝土試樣內之空氣含量時，若未能準確試驗量測各組成材料之重量、比重、總含水量及吸水率等材料參數，則計算求得之空氣含量，其誤差值較大，故本試驗法較適用於實驗室，至於工地現場之量測與計算結果，其離散性較大且精準度可能不足。

3–3–8　試驗成果報告範例

進行混凝土之單位重、拌合體積與含氣量試驗三次，每次秤取面乾內飽和狀態細骨材 $W_{fa} = 27$ kg、面乾內飽和狀態粗骨材 $W_{ca} = 26$ kg、卜特蘭水泥 $W_C = 7$ kg 及室溫拌合水 $W_W = 3.6$ kg，以製成新拌混凝土試樣。三次單位重試驗中，量秤量桶與玻璃平板之總重量 W_1，分別為 7.51、7.52、7.49 kgf，裝滿水之量桶與玻璃平板總重量 W_2 = 22.2、22.4、22.1 kg，將混凝土試樣裝填入量桶內並經搗實後，玻璃平板、量桶及其桶內混凝土試樣之總重量 W_3，分別為 38.6、39.4、39.0 kg。面乾內飽和狀態粗骨材與細骨材之容積比重皆為 2.65，水泥之比重為 3.15，試驗室溫度為 25.8°C 且量桶內水溫為 21.1°C，此水溫下之水單位重 $\gamma_W = 997.97$ kgf / m³，每一袋水泥 50 公斤，則此混凝土試樣之單位重、拌合體積與含氣量試驗成果報告如下。

混凝土之單位重、拌合體積與含氣量試驗

混凝土廠牌：　××混凝土　　　　試驗室溫度：　　25.8°C

取 樣 日 期：　102 年 7 月 5 日　　水　溫　度：　　21.1°C

試 驗 日 期：　102 年 7 月 5 日　　試　驗　者：　　×××

項目	試驗值		
	1	2	3
量桶與玻璃平板之總重量 W_1 (kgf)	7.51	7.52	7.49
裝滿室溫水之量桶與玻璃平板總重量 W_2 (kgf)	22.2	22.4	22.1
玻璃平板、量桶及其桶內混凝土試樣之總重量 W_3 (kgf)	38.6	39.4	39.0
水溫下之水單位重 γ_W (kgf / m³)	997.97	997.97	997.97
量桶內混凝土試樣之淨重 $W = W_3 - W_1$ (kgf)	31.09	31.88	31.51
量桶容積 $V_1 = \dfrac{W_2 - W_1}{\gamma_W}$ (m³)	0.01472	0.01491	0.01463
新拌混凝土試樣之單位重 $UW = \dfrac{W_3 - W_1}{V_1}$ (kgf / m³)	2112	2138	2154
每一盤拌合之混凝土拌合體積 $Y = \dfrac{W_C + W_{fa} + W_{ca} + W_W}{UW}$ (m³)	0.03011	0.02975	0.02953
每一袋水泥所拌製成之混凝土量 $S = \dfrac{Y}{N} = \dfrac{50Y}{W_C}$ (m³)	0.2150	0.2125	0.2109
水泥係數 $N_1 = \dfrac{1}{S} = \dfrac{N}{Y}$ （袋 / m³）	4.65	4.71	4.74
理論混凝土單位重 T (kgf / m³)	2463	2463	2463
空氣含量 $A = \dfrac{T - UW}{T} \times 100$ (%)	14.3	13.2	12.5

■ 圖 3–2　混凝土單位重試驗所使用之圓柱形不漏水鋼質量桶

■ 圖 3–3　搗實用之振動器

3-4 混凝土圓柱試體抗壓強度試驗
(Test for Compressive Strength of Cylindrical Concrete Specimens)

3-4-1 參考資料及規範依據

CNS 1232 混凝土圓柱試體抗壓強度之檢驗法。

ASTM C31 Standard Practice for Making and Curing Concrete Test Specimens in the Field。

ASTM C192 Standard Practice for Making and Curing Concrete Test Specimens in the Laboratory。

ASTM C39 Standard Test Method for Compressive Strength of Cylindrical Concrete Specimens。

ASTM C617 Standard Practice for Capping Cylindrical Concrete Specimens。

3-4-2 目的

為評估混凝土品質之優劣，採用本圓柱試體試驗法，量測混凝土承載壓力作用之能力，所使用之圓柱混凝土試體，包括模製圓柱試體與鑽心圓柱試體。藉由量測各種配合設計圓柱混凝土試體之抗壓強度，除可推估其物理、化學與力學性質等特性外，亦可提供配比設計之參考與依據。同時，可應用於判別不同水泥品質與添加量，或骨材種類與級配等，對所製成混凝土微結構與材料性質之影響。另外，不同齡期混凝土之圓柱試體抗壓強度試驗結果，可提供判定混凝土模板拆除時間之依據，以及混凝土工程施工品質之管制與安全。

3-4-3 試驗儀器及使用材料

一、儀器:

1. 試驗機:使用一具足夠加載壓力能力之機器,通常採用抗壓試驗機或萬能試驗機,圖 3-4 所示為一混凝土抗壓試驗機,其上下兩承壓塊尺寸,皆大於圓柱試體直徑,須以動力操作且能調整加載壓力速度,同時,試驗過程中能持續加載至試體破壞前,不發生任何中斷或振動等現象。

2. 圓柱抗壓試體模:如圖 3-5 所示,係一金屬所製成之圓柱試體模,其內側直徑 15 cm 且高度為 30 cm,圓柱側面與底部須能緊密接觸,同時,試體模上下兩端平面須與圓柱中心主軸垂直。

3. 搗棒:用於搗實已裝填入試體模內之新拌混凝土試樣,為一直徑 16 mm 且長度 60 cm 之圓鋼棒,其一端或兩端為直徑 16 mm 之半球形。

4. 振動機:用於搗實試體模內之混凝土試樣,如圖 3-3 所示,若使用內部振動機,振動頭之外徑介於 19～38 mm 且其軸長為 600 mm,使用時振動頻率為每分鐘 7000 次,若使用外部振動機,則其振動頻率每分鐘不得小於 3600 次。

5. 臺秤或電子秤:靈敏度須達到所秤重量之 0.1% 以內。

6. 試體蓋平用材料與設備。

7. 混凝土拌合機:用於拌製混凝土試樣,如圖 3-6 所示,若無此類混凝土拌合機,亦可使用拌合鐵板或鋁盤等手拌設備,如圖 3-7。

8. 小鐵鏟。

9. 刮平刀。

10. 平板玻璃。

11. 溼治養護設備。

12.礦物油。

二、材料：

1. 依混凝土配比設計，於試驗室稱取所需之水泥、水、細骨材與粗骨材（已知含水量），再混拌均勻成混凝土試樣，通常每次拌合所需各組成材料之數量，約可拌製成 6 個圓柱抗壓試體之總量即可。

2. 於施工現場或預拌廠等室外環境下，先採取足量具代表性之粗細骨材，再試驗量測粗細骨材之含水量，然後依據混凝土配比設計，調整所需之拌合水、細骨材與粗骨材總量，製模前應先混拌均勻。

3–4–4　說明

一、由於硬固混凝土所承受之外載應力可能不同，因此，判別混凝土品質之優劣，通常可比較其抗壓強度、抗拉強度或劈裂強度、抗彎強度等之大小，但因土木建築結構物中之混凝土，主要承載壓力作用，所以，混凝土圓柱抗壓強度試驗，已成為判定混凝土品質之一重要檢驗法。

二、一般常重骨材顆粒之強度較高，所以，硬固混凝土之抗壓強度，主要受到水泥漿體及其與骨材界面強弱之影響，惟輕質骨材混凝土，由於輕質粒料之強度可能低於水泥漿體，導致混凝土強度主要由輕質骨材所主宰。

三、水泥漿體強度與所添加拌合水及水泥量有關，所以，混凝土抗壓強度隨水灰比 $(\frac{W}{C})$ 不同而改變，水灰比乃指所添加拌合水與水泥之重量比，通常於相同骨材種類與級配條件下，水灰比較高之混凝土，其抗壓強度較低。當然，混凝土抗壓強度亦與水泥品質及其風化程度等因素有關。

四、拌製混凝土所使用拌合水之水質，對硬固混凝土之抗壓強度影響甚大。如果所使用拌合水屬酸性水質，將使混凝土抗壓強度降低 15% 以上，當所使用拌合水中含糖分 0.1% 以上時，則混凝土抗壓強度將大幅降低，甚至趨近無強度狀態。若添加含鹽分之水質者，混凝土晚期抗壓強度將

隨齡期增加而降低。所以，為使混凝土達到一適當抗壓強度，所添加拌合水應為潔淨水或自來水，不宜含有油質、鹽類、酸類、植物水質或其他雜物等。

五、針對剛拌製完成之混凝土試體，可使用振動機或振動臺加以振實，將其內部空氣逸出，增加骨材顆粒與水泥漿體之堆積密度，進而提高其微結構緻密性與抗壓強度，但若振動時間過久，甚至超過水泥初凝時間，則可能因發生粒料析離現象，導致抗壓強度之降低。

六、新拌混凝土試體之養治 (Curing) 環境，影響其強度發展速率與晚期抗壓強度高低，高溫養治環境下，混凝土抗壓強度之發展速率，較低溫養治環境下者為快。當試驗量測不同齡期混凝土試體之抗壓強度時，每一特定齡期試驗應製作三個以上之試體，常見試體齡期分別為 7 天與 28 天。

七、相同配比設計條件所拌製之混凝土試體，採用相同試驗方法檢驗其強度時，一般而言，體積較大之試體其抗壓強度小於體積較小者。進行抗壓試驗時，由於試體與夾具接觸面產生摩擦力，形成一剪力影響區，進而影響所量測獲得抗壓強度之正確性，因此，通常規定圓柱抗壓試體之高度，約為其圓剖面直徑之 2 倍，而且圓柱抗壓試體之直徑，為骨材顆粒最大粒徑之 3 倍以上。當骨材顆粒最大粒徑 50 公釐以上者，應製成直徑 20 cm 且高度 40 cm 之圓柱試體，若骨材顆粒最大粒徑 50 公釐以下者，則製成直徑 15 cm 且高度 30 cm 之圓柱試體，至於骨材顆粒最大粒徑 40 公釐以下者，則可製成直徑 12 cm 且高度 24 cm 之圓柱試體。

八、土木建築工程施工中，為嚴格控制混凝土之品質，須經常取樣所澆注之新拌混凝土，進行抗壓強度試驗，以驗證其強度是否符合設計要求。

九、當混凝土試樣係由工地現場澆注混凝土時所取樣者，通常試體應於填模 24 小時後即拆模，並將其放置於非常接近取樣地點處，且其養治環境，亦應與施工現場之條件儘量相同。齡期達 28 天時須進行抗壓試驗之試

體，應於試驗前 7 天以內（即達到齡期 21 天前）送至試驗室，並將試體放置於試驗室中常溫養護，直至抗壓試驗 48 小時前，然後，將試體浸入試驗室養護水槽中，保持溼潤以待齡期達 28 天時進行抗壓試驗。

十、試驗原理：

混凝土圓柱抗壓試體，於抗壓試驗過程中達到破壞時，所能承受之最大加載壓力 (kgf)，除以試體承壓面之剖面斷面積 (cm^2)，即為此混凝土圓柱試體之抗壓強度 (kgf / cm^2)。

3–4–5　試驗步驟

一、試體之製作與養護：

1. 混凝土試體製模前，通常先藉由新拌混凝土試樣之坍度試驗法，量測其坍度值，判定是否符合配比設計所需之稠度，待混凝土試樣坍度試驗檢測完成後，於填模前，須重新拌合混凝土試樣，使其達到一均勻狀態。

2. 將直徑 15 cm 且高度 30 cm 之圓柱試體模內外側，皆擦拭一薄層礦物油後，將圓柱試體模組合扣緊密接，再放置於一堅固底板或地面上。

3. 將混凝土試樣分三層，逐次裝填入圓柱試體模內，每一層裝填高度約 10 cm，裝填最上層時，混凝土試樣須稍高於圓柱試體模之頂面，每層均以搗棒均勻搗實 25 次，操作最下層搗實時，搗棒須搗插至圓柱試體模底部，至於操作中層及上層搗實時，則將搗棒搗插至其下層一半高度處。另外，可使用內部振動機進行搗實，每層以振動機搗實 3 次，每次振動 3~4 秒即可。待填模完成後，以刮刀將超過圓柱試體模頂面之混凝土試樣刮除整平，再蓋上玻璃板以防水分蒸散。

4. 將圓柱試體模放置於一養治室中，進行混凝土試體養護，養治室溫度宜保持 16～27°C，經 24～48 小時後拆模，將已拆模之混凝土試體分

別編碼，並放置入一溫度 $23 \pm 1.7^{\circ}\mathrm{C}$ 之飽和石灰水中浸治養護，待達到一特定齡期時，例如，齡期 7 天或 28 天，再取出混凝土試體並進行抗壓強度試驗。

二、圓柱試體受壓面之蓋平：

1. 蓋平設備：包括蓋平板模 (Capping plate) 與蓋平器，如圖 3–8 所示，其中，蓋平板模為一玻璃板、石板或金屬板，其表面平坦，且平面尺寸須大於直徑 25 cm 圓柱試體之剖面，亦即 25 cm × 25 cm，蓋平器則為一金屬所製成者。另外，為確保圓柱試體受壓面之平整，亦可使用研磨機，如圖 3–9 所示，此機內架設鋒利飛刀，高速轉動時能切割試體剖面較突出部位，經此研磨機切割後，圓柱試體表面較平整，惟飛刀耗損花費較大，一般試驗室較少採用此類蓋平設備。

2. 蓋平材料：卜特蘭水泥所拌製成之水泥漿，適用於新製圓柱試體之蓋平。另外，一般試驗室多採用高強度石膏，將其添加適量水拌製成石膏漿，用於浸治硬固後圓柱試體之蓋平，但由於考量混凝土之抗壓強度，避免抗壓試驗時發生石膏蓋平處之破壞，影響試驗結果之正確性，通常所選用之高強度石膏，其所拌製成石膏漿於二小時內，抗壓強度需達到 350 kgf / cm² 以上者。

3. 試體蓋平：

⑴新製作圓柱試體之蓋平法：新製作圓柱試體之蓋平材料，通常使用卜特蘭水泥漿，須於施行試體蓋平前約 2～4 小時，先將卜特蘭水泥漿拌合完成，俾使其經過初始收縮階段，減少形成裂縫之機會。混凝土模製試體完成 2～4 小時後，試體模內之混合料不產生沉落，方可進行試體之蓋平，蓋平水泥層之厚度愈薄愈好。將已預拌完成之水泥漿蓋平材料，於待蓋平圓柱試體頂面塗抹成一圓錐體，再使用已塗上礦物油之蓋平板，放置於此水泥漿錐體堆上，然後緩緩施力

下壓，直至蓋平板接觸圓柱模頂面，此時可將一潮溼粗麻布袋或塑膠布覆蓋其上，防止水泥漿蓋平材料之快速硬固。

(2)已硬化圓柱試體之蓋平法：已達特定齡期之混凝土圓柱試體，其承壓面若不平整，可使用研磨機加以磨平之，將圓柱試體平放於 V 形槽上，然後，輕推圓柱試體朝研磨機內飛刀處移動，待啟動研磨機開關後，使圓柱試體前沿與飛刀微接觸，即可進行試體之磨平。但若試體存在嚴重不平整或不規則剖面，則應使用金剛砂鋸先鋸平之，以節省研磨機之研磨時間與飛刀損傷。另外，亦可採用高強度石膏漿蓋平之，石膏漿所添加之拌合水，通常約為乾石膏粉末重量之 26～30%。待完成研磨蓋平後，於尚未進行抗壓試驗前，仍應將圓柱試體予以溼治，至於使用石膏漿蓋平之試體，不得於養治室或水中停留 4 小時以上。

三、抗壓強度試驗：

1. 將已達特定齡期之混凝土圓柱試體，由養治室或飽和石灰水中取出，並將試體承壓面，依上述研磨方式或使用石膏漿予以蓋平。

2. 於各試體高度之中間處，量測兩互相垂直之直徑值，重複量測兩次後，計算其平均值，並記錄試體直徑為 D，須準確至 0.25 mm，同時，量測圓柱試體之高度，並記錄試體高度為 H。

3. 將圓柱試體放置於抗壓試驗機（或萬能試驗機）之承壓座上，調整圓柱試體之中央位置，使其恰位於上下承壓塊施力中心點之連線上。

4. 啟動試驗機開關，調整上承壓塊之油壓加壓速度，將其設定為每秒 1.4～3.4 kgf／cm^2 之加載增加率，施加壓力於圓柱試體之承壓面上。

5. 加載壓力持續依上述加壓速度增大，直至圓柱試體產生破壞為止，記錄圓柱試體破壞時所能承受之最大壓荷重 P 值 (kgf)。

3–4–6 計算公式

若試體高度 H 與其直徑 D 之比值，非常近似於 2 時，則混凝土圓柱試體之抗壓強度，可直接由下式（式 3–4–1）計算獲得，但當此比值嚴重遠離 2 時，所計算獲得之抗壓強度必須加以修正：

$$S = \frac{P}{A} = \frac{4P}{\pi D^2} \qquad (3\text{–}4\text{–}1)$$

式中 S：圓柱試體之抗壓強度 (kgf / cm^2)。

　　　　P：圓柱試體破壞時所能承受之最大壓荷重 (kgf)。

　　　　A：圓柱試體之斷面積 (cm^2)。

　　　　D：圓柱試體之平均直徑 (cm)。

3–4–7 注意事項

一、金屬製圓柱試體模雖可重複使用，但每次拆模後，必須將模內殘留之混凝土渣或雜質，確實清除潔淨，以利後續模製試體時使用。

二、使用搗棒搗實圓柱試體，搗插可能造成混凝土試體內，形成無法自行逸出之氣泡孔隙，可輕敲試體模側面，幫助氣泡孔隙逸出試體外。

三、模製試體時，若使用振動機振動混凝土試體，當混凝土試體表面漸顯光滑時，即代表混凝土試體已達相當密實狀態，應停止振動操作，否則過度振動可能造成粒料分離。

四、搗實後之混凝土試體，須恰裝滿於試體模內，若混凝土試樣稍有不足，可將殘留拌合機內者倒入填滿，但不可將不具代表性之混凝土倒入填滿。

五、石膏漿之最佳拌合用水量，通常約為乾石膏重量之 26～30%。

六、混凝土圓柱試體之製模搗實方式，與新拌混凝土坍度試驗之標準相同，亦即當混凝土試體之坍度大於 75 mm 者，使用搗棒，當混凝土試體之坍度介於 25～75 mm 者，使用搗棒或內部、外部振動機皆可，若混凝土試

體之坍度小於 25 mm 者，可使用內部或外部振動機。惟混凝土試體直徑小於 10 cm 者，不可使用內部振動機。

七、進行不同齡期混凝土圓柱抗壓試驗，通常每一特定齡期試體須製作 3 個以上。第一型普通水泥所製成之混凝土試體，通常採用齡期 7 及 28 天，第二型水泥所製成之混凝土試體，則多採用齡期 1、3、7 及 28 天。

八、圖 3–10 所示，為一檢驗混凝土圓柱試體表面平坦度之測定器，當一混凝土圓柱試體承壓面，經此平坦度測定器測定，其表面高低差已大於 0.05 mm 時，即須加以蓋平處理，方能進行抗壓試驗。

3–4–8　試驗成果報告範例

進行齡期 28 天混凝土圓柱試體之抗壓強度試驗，於進行抗壓試驗前，先量測混凝土圓柱試體承壓面之直徑與高度，三個圓柱試體之直徑，分別為 15.01、14.95、15.03 cm，三個圓柱試體之高度，分別為 29.82、29.95、30.03 cm，經抗壓試驗機量測獲得，混凝土圓柱試體於破壞時所能承受之最大壓荷重，三個試體分別是 60140、71258、67980 kgf，試驗室溫度為 25.8°C 且相對溼度為 72%，則此混凝土圓柱試體抗壓強度試驗之成果報告如下。

混凝土圓柱試體抗壓強度試驗

混凝土廠牌：	××混凝土	試驗室溫度：	25.8°C
製造日期：	102 年 7 月 18 日	相對溼度：	72%
試驗日期：	102 年 8 月 15 日	試　驗　者：	×××

項目	試驗值		
	1	2	3
圓柱試體直徑 D (cm)	15.01	14.95	15.03
圓柱試體高度 H (cm)	29.82	29.95	30.03
最大壓荷重 P (kgf)	60140	71258	67980
混凝土圓柱試體抗壓強度 $S = \dfrac{P}{A} = \dfrac{4P}{\pi D^2}$ (kgf / cm^2)	339.9	405.9	383.2
平均抗壓強度 (kgf / cm^2)	376.3		

■ 圖 3–4　混凝土圓柱試體抗壓試驗機

■ 圖 3-5　混凝土圓柱抗壓試體模

■ 圖 3-6　混凝土拌合機

◥ 圖 3-7　混凝土手拌設備

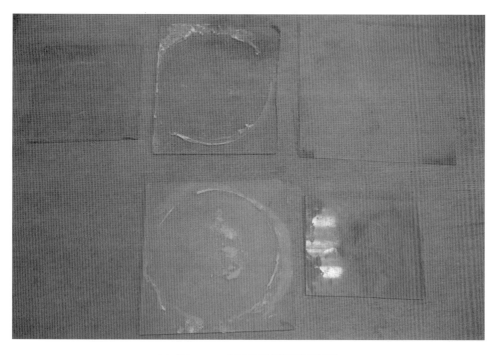

◥ 圖 3-8　蓋平板模與蓋平器

◣ 圖 3–9　混凝土圓柱試體研磨機

◣ 圖 3–10　混凝土圓柱試體表面平坦度測定器

3-5 混凝土抗彎強度三分點載重試驗 (Test for Flexural Strength of Concrete Using Simple Beam with Third-Point Loading)

3-5-1 參考資料及規範依據

CNS 1230 混凝土試體在試驗室模製及養護法。

CNS 1233 混凝土抗彎強度試驗法（三分點載重法）。

ASTM C78 Standard test method for flexural strength of concrete (using simple beam with third-point loading)。

3-5-2 目的

為了解不同齡期混凝土試體抵抗彎矩作用之能力，藉由簡支承三點抗彎試驗，即可量測獲得混凝土抗彎強度之高低，提供混凝土配比設計時，決定水灰比、齡期與抗彎強度之關係，進而判別混凝土結構物體之拆模時間，以及預力梁施加預力時間等工程應用。但是，為減少簡支承三點載重形式所造成之抗彎強度離散性，採用一長方柱體三分點荷重試驗法，將試體放置於簡支承上，且於其三分點上加載荷重，較能準確量測獲得混凝土試體之抗彎強度。

3-5-3 試驗儀器及使用材料

一、儀器：

　　1.混凝土拌合機：如圖 3-6 所示，用以拌製混凝土試樣，亦可使用拌合鐵板等手拌設備，如圖 3-7 所示。

　　2.抗彎試體模：乃金屬所製成之一長方柱試體模，如圖 3-11 所示，其內

側斷面之高度與寬度皆為 15 cm，長度則為 53 cm，長方柱體之側面與其底部接觸處，須能確實拴緊防止滲漏。

3.搗棒：為一直徑 16 mm 且長度 60 cm 之圓鋼棒，其一端為直徑 16 mm 之半球形，用以搗實抗彎試體模內之新拌混凝土試樣。

4.臺秤或電子秤：靈敏度須達所秤重量 0.1% 以內。

5.抗彎試驗機：如圖 3–12 所示，為一混凝土抗彎試驗機，通常使用具足夠加壓能力之萬能試驗機，包括由鋼板所製成之上端施壓座 (Load applying block) 與下端承壓座 (Bearing block)，另設置兩圓柱形接觸端與試體寬緊密接觸，且藉由鋼球與上端施壓座及下端承壓座連接，此四圓柱形接觸端，採用相等水平距離之配置方式，亦即上端兩施壓點與下端兩承壓點，共同形成三等長間距之配置，如圖 3–12 所示，為混凝土抗彎試驗裝置之示意圖，上端施壓座須以動力操作且能調整加載壓力速度，採用三分點載重法進行混凝土抗彎試驗時，須能持續加載壓力，直至試體底部表面發生裂縫破壞為止。

6.小鐵鏟。

7.刮平刀。

8.玻璃板。

9.恆溫恆溼箱。

10.溼治養護設備。

11.蓋平設備。

二、材料：

1.卜特蘭水泥。

2.細砂。

3.粗骨材。

4.拌合水。

3–5–4　說明

1. 鋼筋混凝土結構物中之混凝土，主要承受壓應力作用，但是，撓曲梁中包裹鋼筋介面及其鄰近處之混凝土，則可能承受拉力與剪力作用，亦即混凝土梁之斷面承受一撓曲彎矩作用，如此，鋼筋混凝土梁之斷面中性軸上層承受壓應力作用，其下層則承受拉應力作用。

2. 由於脆性混凝土之拉應力抵抗力，遠小於其壓應力抵抗力，因此，無法藉由混凝土抗壓試驗所獲得之抗壓強度，直接判別混凝土梁之撓曲抵抗力與裂縫生成條件，必須另外評估混凝土梁之抗彎能力大小。

3. 進行簡支承三點抗彎試驗 (Three-point bend loading) 時，混凝土試體中央荷載處所承受之彎矩最大，然後，沿朝兩端支承處漸次線性遞減，當試體中央荷載處或兩端支承處產生些許偏移時，將造成試驗量測所得抗彎強度之差異。

4. 即使由相同操作者，針對相同混凝土配比與材料所製成之混凝土試體，同批次試體內存在之裂縫大小、方向、分布與位置等，皆可能隨試體不同而改變，導致試驗量測所獲得抗彎強度之離散性甚大。

5. 若使用三分點撓曲載重 (Third-point bend loading) 形式，則試體中央部分，約佔兩承壓座上接觸點間總體積之 $\frac{1}{3}$，此中央部分內任一斷面皆承受相同彎矩力作用，如此，當某一特定大小與方向之裂縫，發生於此試體中央部分之任一斷面底表面上，可試驗量測獲得相同之抗彎強度，進而降低其強度離散性。

3–5–5　試驗步驟

1. 由金屬所製成之混凝土抗彎試體模，常見尺寸為 15 cm × 15 cm × 53 cm，於抗彎試體模內側面塗上一薄層脫模劑，並確實拴緊各螺栓，使

抗彎試體模內側面與其底部密接，以防止滲漏。

2. 依混凝土試樣之設計配比，秤取水泥、細砂、粗骨材及適量拌合水，使用小鐵鏟，先將粗骨材及部分水加入拌合機混拌之，陸續加入細骨材、水泥及剩餘拌合水，拌合三分鐘後停置三分鐘，最後，再拌兩分鐘即完成混凝土試樣之拌合。

3. 將已拌合完成之混凝土試樣，倒注入抗彎試體模內，待混凝土試體填模完畢後，使用刮平刀將其表面刮平，並蓋上玻璃板，以防止水分蒸散，再將混凝土試體模移置於恆溫恆溼箱中。

4. 混凝土試體模於恆溫恆溼箱養護 24 小時後拆模，放入溼治養護設備或清水中養護，待混凝土試體養護至一特定齡期後，將試體表面擦拭乾淨，並以試體之側面作為抗彎試驗時之承壓面，以粉筆將混凝土試體梁中間 45 公分劃分為三等分，亦即試體跨度須為其厚度三倍，誤差值須小於 2%。

5. 混凝土試體於厚度、寬度與跨度各方向之外側面，其表面應平滑無缺陷，且彼此互相垂直，若試體表面存在孔洞、缺口或不平，可能導致試體與施壓座及承壓座上之圓柱形接觸端，未能完全緊密接觸時，則該混凝土試體須進行蓋平。

6. 採用三分點載重法進行混凝土試體之抗彎強度試驗，先將試體放置於承壓座兩圓柱形接觸端上，經調整後，使施壓座上兩圓柱形接觸端中心，對齊試體中心，此時，四圓柱形接觸端均勻劃分試體梁之跨度，亦即兩相鄰圓柱形接觸端之水平距離為試體梁跨度 $\frac{1}{3}$，量測並記錄混凝土試體梁之跨度 L (cm)。

7. 啟動抗彎試驗機馬達開關，藉由施壓座施加壓力載重於試體梁中央上，施加初期之載重速率可較快速，當施加載重達破壞荷重之 50% 時，調整施加載重速率，使試體梁底部表面拉應力達每分鐘 8.79～12.31

kgf / cm² 之範圍內，直至試體梁產生斷裂破壞為止，將發生斷裂破壞時試體所能承受之最大壓力荷重，記錄為 P (kgf)。

8. 觀察斷裂後混凝土試體之外表，確定試體底部發生斷裂處之位置，再量測此斷裂處之厚度 d (cm)、寬度 b (cm)、與最近圓柱形接觸端中心之距離 a (cm)，各量測三次後取平均值並記錄之，須準確至 1 mm。

3-5-6 計算公式

當計算此混凝土試體之抗彎強度時，需考慮試體梁產生斷裂破壞之位置，亦即發生不同斷裂處之試體，須使用不同抗彎強度計算公式：

(1) 當採用三分點載重法進行抗彎試驗時，將使得混凝土試體梁中央 $\frac{1}{3}$ 部分，處於相同撓曲彎矩作用下，於此區域中任一橫斷面產生斷裂破壞，皆可計算獲得相同之抗彎強度。如果抗彎試體梁底部之斷裂破壞面，恰發生於其中間 $\frac{1}{3}$ 跨度等彎矩作用範圍內，則此混凝土試體之抗彎強度可由下式計算獲得：

$$\sigma = \frac{PL}{bd^2} \qquad (3\text{-}5\text{-}1)$$

式中 P：發生斷裂破壞時試體所能承受之最大壓力荷重 (kgf)。

　　L：混凝土試體梁之跨度 (cm)。

　　d：混凝土試體梁斷裂處之厚度 (cm)。

　　b：混凝土試體梁斷裂處之寬度 (cm)。

　　σ：混凝土試體之抗彎強度 (kgf / cm²)，亦稱為破裂模數（Modulus of rupture，簡稱 MOR）。

(2) 如混凝土試體梁底部之斷裂破壞面，位於其中央 $\frac{1}{3}$ 跨徑以外，但仍靠近此中央區域，且與此中央區域邊界之距離，並未超出試體梁跨徑全長之

5% 時，可採用下式計算其抗彎強度：

$$\sigma = \frac{3Pa}{bd^2} \tag{3-5-2}$$

式中 a：混凝土試體底部發生斷裂破壞面之位置，與最近圓柱形接觸端
中心之距離 (cm)。

(3)如果混凝土試體梁底部之斷裂破壞面，發生於其中央 $\frac{1}{3}$ 跨徑以外，
且與此中央區域邊界之距離，已超過試體梁跨徑全長 5% 以上時，則該試驗
結果應予捨棄。

3-5-7 注意事項

一、混凝土抗彎強度試驗，其載重型式可區分為三分點載重法與三點載重法
兩種。由於採用三分點載重法，可獲得較穩定之試驗結果，因此，一般
混凝土抗彎強度試驗採用三分點載重法，若使用三點載重法，進行抗彎
試驗前，必須檢核試體與一施壓端及二承壓端之接觸位置。

二、當採用三分點載重法進行抗彎試驗時，觀察混凝土試體梁底部產生斷裂
破壞之位置，亦即發生開裂之初始位置，至於此破裂面於此橫斷面如何
延伸擴展，或此試體梁頂部最終裂縫出口處，皆不影響混凝土試體梁底
部斷裂破壞面位置之判定與量測。

三、當混凝土試體梁底部產生斷裂破壞時，其發生處並非位於試體中央 $\frac{1}{3}$
跨徑內，且非常靠近承壓座上之圓柱形接觸端，顯示此斷裂破壞面所承
受之彎矩作用力雖較小，卻仍然發生斷裂破壞，試體於此橫斷面處存在
一較大之孔洞，此種由於拌製混凝土試體不良，所形成之微結構缺陷，
將大幅降低混凝土試體之抗彎強度，嚴重影響試驗結果之可靠性，故應
捨棄不列入計算平均值。

3-5-8　試驗成果報告範例

進行齡期 28 天混凝土試體三分點載重法抗彎強度試驗,於進行抗彎試驗前，先量測混凝土試體梁之跨度 L (cm)，三個試體梁之跨度皆為 45.0 cm，經抗彎試驗機量測獲得，混凝土試體於產生斷裂破壞時所能承受之最大壓荷重 P，三個試體分別是 4545、4856、5107 kgf，觀察斷裂後混凝土試體之外表，確定試體梁底部發生斷裂處之位置，此斷裂處之厚度 d 分別為 15.1、14.9、15.2 cm，寬度 b 分別為 14.8、14.9、15.1 cm，斷裂處與最近圓柱形接觸端中心之距離 a，分別為 14.5、15.9、16.2 cm，各量測三次後取平均值並記錄之。試驗室溫度為 34.5°C 且相對溼度為 78%，則此混凝土試體三分點載重法抗彎強度試驗之成果報告如下。

混凝土抗彎強度三分點載重試驗

混凝土廠牌：　×× 混凝土　　　　試驗室溫度：　　34.5°C

製 造 日 期：　102 年 7 月 20 日　　相 對 溼 度：　　78%

試 驗 日 期：　102 年 8 月 17 日　　試 　 驗 　 者：　　×××

項目	試驗值		
	1	2	3
混凝土試體梁之跨度 L (cm)	45.0	45.0	45.0
最大壓荷重 P (kgf)	4545	4856	5107
混凝土試體梁底部發生斷裂處之厚度 d (cm)	15.1	14.9	15.2
混凝土試體梁底部發生斷裂處之寬度 b (cm)	14.8	14.9	15.1
混凝土試體梁底部發生斷裂處與最近圓柱形接觸端中心之距離 a (cm)	14.5	15.9	16.2
混凝土試體之抗彎強度 $\sigma = \dfrac{PL}{bd^2}$ 或 $\sigma = \dfrac{3Pa}{bd^2}$ (kgf / cm^2)	58.6	66.1	65.9
混凝土試體平均抗彎強度 (kgf / cm^2)	63.5		

■ 圖 3–11　混凝土抗彎試體模

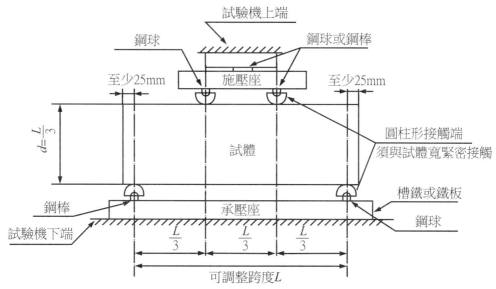

■ 圖 3-12　混凝土抗彎試驗機與設置示意圖

3-6 混凝土鑽心試體抗壓強度試驗
(Test for Compressive Strength of Drilled Cored Concrete Specimens)

3-6-1 參考資料及規範依據

CNS 1238 混凝土鑽心試體及鋸切長條試體取樣法。

CNS 1241 混凝土鑽心試體長度之測定法。

CNS 1232 混凝土圓柱試體抗壓強度檢驗法。

ASTM C42 Standard test method for obtaining and testing drilled cores and sawed beams of concrete。

ASTM C192 Standard practice for making and curing concrete test specimens in the laboratory。

ASTM C39 Standard test method for compressive strength of cylindrical concrete specimens。

3-6-2 目的

　　當對施工現場混凝土品質產生懷疑時，發現土木建築物混凝土表面產生隆起或剝落等劣化現象時，原先模製圓柱混凝土試體之試驗結果已遺漏時，對模製圓柱混凝土試體之製作與結果存疑或發現異常時，欲量測獲得經火害或地震作用後老舊結構物中之混凝土抗壓強度資料時，上述狀況皆應進行現場混凝土試體之鑽心取樣與抗壓試驗，試驗結果可提供混凝土結構物安全評估與修補工程之品質管制與安全依據。

3-6-3　試驗儀器及使用材料

一、儀器:

　　1.抗壓試驗設備: 混凝土鑽心試體之抗壓試驗，通常採用萬能試驗機或抗壓試驗機，如圖 3-4 所示，其上端施壓塊與下端承壓塊之斷面尺寸，皆須大於混凝土鑽心試體之直徑，於進行抗壓試驗過程，試驗設備採用動力操作且具調整加載壓荷重速度之功能。

　　2.鋼筋偵測器: 用於判斷欲進行混凝土鑽取位置附近是否存在鋼筋。

　　3.鑽心機: 如圖 3-13 所示，依據結構物混凝土內粗骨材標稱最大粒徑之不同，選擇不同鑽心軸直徑，以鑽取現場結構物之混凝土試樣。

　　4.研磨機: 如圖 3-9 所示，經鑽取所得之混凝土鑽心試體，其外表通常較不平整，可藉由研磨機內高速轉動之鋒利飛刀，切割鑽心試體斷面凸出處加以整平之。

　　5.試體蓋平用材料與設備。

　　6.溼治養護設備。

　　7.鋼角尺。

　　8. 0.05 mm 測隙規。

　　9.數位式游標卡尺。

二、材料:

　　土木建築結構物現場混凝土。

3-6-4 說明

一、施工現場之混凝土，經運送、澆注、搗實與養護等施工步驟，須通過鋼筋彼此間隙及其與模板之空隙,部分混凝土可能無法完整填充於模板內，一般而言，土木建築結構物中混凝土之抗壓強度，較低於模製圓柱試體之抗壓強度，亦即施工品質將影響混凝土之抗壓強度。

二、施工現場所取樣之混凝土圓柱試體，可能因取樣方式、試體模製過程搗實與養護環境、抗壓試體尺寸與抗壓試驗加載速度等不同而改變，無法確實代表結構物內混凝土之品質與抗壓強度。

三、混凝土內含有雜質或有害化合物，例如氯離子、鹼金屬離子與硫酸根離子等，經過一段時間化學反應後，於混凝土表面或內部生成新化合物，進而造成隆起或剝落等劣化現象，皆將影響混凝土之抗壓強度與結構物之安全。

四、混凝土結構物於火災現場高溫環境作用下，其微結構內之部分結晶水產生蒸散，破壞水泥漿體之膠結能力，使得結構物內混凝土之抗壓強度大幅降低，若欲評估經火害後之混凝土結構物是否仍堪用，或建議任何結構補強方式，必須進行現場鑽心試體之取樣與試驗。

五、結構物內混凝土承受較嚴重地震力作用時,粗骨材與水泥漿體之弱界面，可能開裂、擴展、延伸至混凝土表面，使得混凝土梁之地震抵抗力大幅減小，因此，針對經地震作用後老舊結構物之安全評估或補強方式，必須進行現場混凝土試體之取樣與抗壓試驗。

六、通常藉由反彈硬度與超音波等非破壞檢測方式，量測獲得混凝土結構物強度相對高低之分布狀況，仍須配合混凝土鑽心試體之抗壓強度試驗，以驗證混凝土結構物之實質強度。

七、試驗原理:

　　混凝土鑽心試體，於抗壓試驗達到破壞前，所能承受之最大壓載荷重 (kgf)，除以其承壓面之斷面積 (cm²)，即為此混凝土鑽心試體之抗壓強度 (kgf／cm²)，惟一般鑽心試體高度與其直徑之比值小於 2，進行抗壓試驗時，鑽心試體兩端各存在一剪力影響區，試驗量測所獲得之混凝土抗壓強度，必須乘以一修正係數，進行相關校正折減計算。

3-6-5　試驗步驟

一、鑽心試體之取樣與養護:

　　1. 鑽取位置採用隨機取樣方法決定之，鑽心試體數量以 120 m³ 取樣一個為原則，每一試樣應由組合樣品每一組製作二個以上試體。

　　2. 利用鋼筋偵測器，偵測欲進行混凝土鑽取處是否存在鋼筋，應避免於鋼筋處進行鑽心試體之鑽取。

　　3. 進行試體之鑽取時，鑽心縱軸應與混凝土表面垂直，且儘量避免模板接縫處、混凝土冷縫處或每次澆置邊緣處，鑽心軸直徑不宜低於粗骨材標稱最大粒徑之 3 倍，至少不得低於粗骨材標稱最大粒徑之 2 倍，鑽心試體高度約為其直徑之 2 倍，最短高度不得小於 95% 試體直徑。

　　4. 將已鑽取之鑽心試體分別加以編碼後，若所鑽取之混凝土結構物通常處於乾燥狀況下，則將其放置於一溼治養護設備中陰乾 7 日以上，養治溫度宜保持 15°C～27°C 且相對溼度 60% 以下。若所鑽取之混凝土結構物平常處於溼潤狀況下，則將鑽心試體放入溫度 23±1.7°C 之飽和石灰水中，進行混凝土鑽心試體養護，待浸置 40 小時以上，再取出並進行抗壓強度試驗。

二、鑽心試體之研磨與蓋平：

1. 由溼治養護室或飽和石灰水中取出鑽心試體，將鋼角尺放置於鑽心試體之頂部橫斷面上，採用 0.05 mm 測隙規，嘗試插入鑽心試體與鋼角尺間之縫隙內，若能完整插入者，代表鑽心試體頂部不平整，須使用研磨機，如圖 3-9 所示，切割鑽心試體頂部較凸出部位，直至鑽心試體頂部與鋼角尺間之縫隙小於 0.05 mm，然後，重複上述步驟判別鑽心試體底部之平整度，若必要亦須加以研磨平整之。另外，亦可使用包括蓋平板模與蓋平器之蓋平設備，進行鑽心試體受壓面平整度之改善。

2. 將鑽心試體直立於地面上或一平臺上，另一直立鋼角尺則緊貼鑽心試體側面，若鑽心試體兩側面與鋼角尺間之傾斜度大於 0.5° 時，則須使用研磨機加以研磨之，直至傾斜度小於 0.5° 為止。

三、抗壓強度試驗：

1. 於鑽心試體橫斷面中心處，使用數位式游標卡尺，量測兩互相垂直之試體直徑值，計算其平均值並記錄為 D (cm)。

2. 將鑽心試體直立於地面上或一平臺上，使用數位式游標卡尺，量測鑽心試體橫斷面中心處之高度，並記錄為 L (cm)。

3. 依據鑽心試體之直徑大小，選擇適當之承壓塊，例如，鑽心試體直徑分別是 76 與 102 mm 時，上承壓塊之最大直徑分別為 127 與 165 mm。

4. 先使用抹布或毛刷擦拭乾淨上下承壓塊，再將鑽心試體放置於抗壓試驗機之承壓座上，調整鑽心試體之中央軸心位置，使其恰位於上下承壓塊施力中心軸上。

5. 將上承壓塊之油壓加壓速度，設定為每秒 1.4～3.4 kgf／cm²，啟動開關持續施加壓力於鑽心試體上，直至鑽心試體產生破壞為止，記錄鑽心試體破壞時所能承受之最大壓荷重 P (kgf)。

3-6-6　計算公式

　　若經研磨或蓋平後，鑽心試體高度 L 與其直徑 D 之比值，介於 $1.9 \sim 2.1$ 時，則混凝土鑽心試體之抗壓強度，可直接將最大壓荷重除以試體橫斷面積，計算獲得鑽心試體之抗壓強度，但當 $\dfrac{L}{D}$ 比值遠小於 2 但大於 1 時，必須藉由（式 3-6-1）加以修正計算獲得鑽心試體之抗壓強度：

$$S = f\,\frac{4P}{\pi D^2} \tag{3-6-1}$$

式中 S: 鑽心試體之抗壓強度 $(\mathrm{kgf/cm^2})$。

　　　P: 鑽心試體破壞時所能承受之最大壓荷重 (kgf)。

　　　D: 鑽心試體之平均直徑 (cm)。

　　　f: 強度修正因子，表 3-2 所列為不同細長比 L/D 時，所對應之強度修正因子。

◥ 表 3-2　混凝土鑽心試體不同細長比 $\dfrac{L}{D}$ 之強度修正因子

細長比 $\dfrac{L}{D}$	強度修正因子	細長比 $\dfrac{L}{D}$	強度修正因子
2.00～1.94	1	1.29～1.23	0.93
1.93～1.81	0.99	1.22～1.18	0.92
1.80～1.69	0.98	1.17～1.13	0.91
1.68～1.57	0.97	1.12～1.09	0.9
1.56～1.46	0.96	1.08～1.05	0.89
1.45～1.38	0.95	1.04～1.02	0.88
1.37～1.30	0.94	1.01～1.00	0.87

3–6–7 注意事項

一、進行鑽心試體之鑽取時，除應避免於鋼筋存在處施作，亦應選擇整體結構物中較無力學安全考慮之處。

二、鑽心試體內含有鋼筋時，不論鋼筋排列方向與數量，皆將影響量測所得之混凝土抗壓強度，故不得作為抗壓試體，應捨棄之。

三、鑽心試體未研磨或蓋平前之高度，小於其直徑 0.95 倍者，或經研磨或蓋平後，鑽心試體高度小於其直徑者，皆不能進行抗壓試驗，應捨棄之。

四、承載構件鑽心試體之直徑不得低於 94 mm，非承載構件鑽心試體之直徑可小於 94 mm，惟標稱直徑較小之鑽心試體，其抗壓強度較低且離散性較大，同時，更容易受試體細長比 $\dfrac{L}{D}$ 之影響。

五、當所使用混凝土之粗骨材最大標稱粒徑大於 37.5 mm 時，於進行試體鑽取前，宜由指定試驗者或糾紛雙方共同決定之。

六、鑽取試體後，先擦拭鑽心試體表面水，待鑽心約一小時後，鑽心試體達到氣乾狀態時，再將鑽心試體放置於一塑膠袋或不吸水容器內，儘速送至試驗室進行養護與抗壓試驗，應避免水分蒸散或太陽直接照射。

七、量測鑽心試體橫斷面中心處兩垂直方向直徑時，其精度須至 0.2 mm，當此兩直徑差值超過其平均直徑 2% 時，其直徑量測值僅讀記至 2 mm 即可，若直徑差值超過其平均直徑 5% 以上時，該鑽心試體不能進行抗壓試驗，應捨棄之。

八、除非指定試驗者或糾紛雙方另有協議，一般規定於鑽取試體後七日內，完成鑽心試體抗壓試驗之量測。

3-6-8　試驗成果報告範例

　　進行混凝土鑽心試體之抗壓強度試驗，於進行抗壓試驗前，先量測混凝土鑽心試體承壓面之直徑與高度，三個鑽心試體之直徑，分別為 9.11、8.95、9.03 cm，三個鑽心試體之高度，分別為 15.82、12.95、10.03 cm，經抗壓試驗機量測獲得，混凝土鑽心試體於破壞時所能承受之最大壓荷重，三個試體分別是 20121、25247、27382 kgf，試驗室溫度為 35.5°C 且相對溼度為 85%，則此混凝土鑽心試體抗壓強度試驗之成果報告如下。

混凝土鑽心試體抗壓強度試驗

鑽心取樣地點：	×××-123 m 處	試驗室溫度：	35.5°C
鑽心取樣日期：	102 年 8 月 18 日	相 對 溼 度：	85%
試 驗 日 期：	102 年 8 月 21 日	試 驗 者：	×××

項目	試驗值		
	1	2	3
鑽心試體直徑 D (cm)	9.11	8.95	9.03
鑽心試體高度 L (cm)	15.82	12.95	10.03
最大壓荷重 P (kgf)	20121	25247	27382
強度修正因子 f	0.98	0.95	0.9
混凝土鑽心試體抗壓強度 $S = f\dfrac{4P}{\pi D^2}$ (kgf / cm²)	302.5	381.2	384.8

■ 圖 3–13　混凝土鑽心機

第四章　瀝　青

　　瀝青材料 (Bitumen) 為一種碳水化合物，主要成分包括人造或天然之碳氫化合物、其非金屬衍生物或兩者之混合物，通常多為黑色固體、半固體或黏稠液體。瀝青材料能完全溶解於二硫化碳及其他有機溶劑，若持續加熱即漸次軟化而稠度變小，為一種具可塑性且感溫性高之黏彈性材料。一般將瀝青材料區分為地瀝青 (Asphalt) 與焦油 (Tar) 兩大類，其衍生製品種類繁多，例如，瀝青乳劑、瀝青底劑、油毛氈、瀝青砂漿、瀝青混凝土、瀝青磚與瀝青紙等，主要工程應用則包括道路鋪面材料、防水材料、防腐材料、土質安定材料與絕緣材料等，為判別所選用瀝青材料性質之優劣，以及是否符合工程應用標準或適用範圍，必須針對瀝青材料之物理與化學相關性質進行試驗量測，以提供選擇與設計時之參考與依據。

4–1 瀝青軟化點試驗──環球法
(Method of Test for Softening Point of Bitumen ──Ring and Ball Apparatus)

4–1–1 參考資料及規範依據

CNS 2486 瀝青軟化點試驗法（環與小球法）。

ASTM D2398 Test method for softening point of bitumen in ethylene glycol (ring and ball)。

4–1–2 目的

　　瀝青材料隨溫度升高逐漸軟化而黏度變小，為精準且能重複量測其軟化點，本試驗法採用環與小鋼球所構成之一簡易設備組合，將其浸沒於一適合之浴槽液體內，採用固定速率持續加熱，當環內瀝青軟化至可使鋼球陷落 25 mm 時之溫度，即為瀝青材料之軟化點，以代表瀝青材料達到流動性時所需加熱之溫度。經試驗量測所得之軟化點，可提供作為判別瀝青材料種類與品質優劣之參考，或鑑別瀝青材料之生產方法或原油之衍化物，亦可作為控制原油精煉與改善生產操作方式之依據，若能配合欲使用瀝青材料之某一地區最高環境溫度，進而判斷瀝青材料是否適用於此一地區天候，亦即能否承受此一地區最高溫，以防止其經當地高溫長期作用產生軟化甚至破壞。

4–1–3 試驗儀器及使用材料

一、儀器：

　　1.肩環 (Ring)：如圖 4–1 所示，係一種由黃銅所製成之環，其底部內徑為 15.9 公釐，頂部內直徑則為 19.0 公釐，肩環之高度為 6.4 公釐，頂部環壁厚度為 1.6 公釐，底部環壁厚度則為 1.55 公釐。

2.鋼球 (Ball)：係一直徑為 9.5 公釐且重量為 3.45 至 3.55 公克之鋼珠，共計二顆鋼球。

3.倒入盤：係一表面光滑且大小為 50 mm×75 mm 之銅盤。

4.浴槽 (Bath)：係一耐熱之玻璃製容器，其直徑不得小於 85 mm，高度須大於 12 公分，容量約為 600 ml 或 1000 ml，一般可使用 800 ml 低型格里芬耐熱玻璃燒杯 (Low-form Griffin beaker)。

5.球的置中導引器：其形狀與尺寸，如圖 4–1 所示，用以將鋼球放於中心位置之銅製導引器。

6.環架及其組合：銅製之支撐框架，如圖 4–1 所示，用以固定兩銅肩環之水平位置及支撐中心處之溫度計，安裝組合時，環架上肩環底部與底板之淨距至少為 25 mm，底板與浴槽底部之距離為 13 mm～19 mm。

7.三腳架及石棉網：三腳架係用以支撐浴槽及其內肩環、環架及球的置中導引器等組合設備，石棉網則作為加熱時分散熱能之用。

8.加熱設備：可使用酒精燈或本生燈。

9.溫度計：依瀝青材料軟化點之高低，選用不同溫度範圍之溫度計，低軟化點者，使用溫度範圍介於 $-2°C～80°C$ 之液體玻璃溫度計，針對具高軟化點之瀝青材料，則須使用溫度範圍介於 $30°C～200°C$ 之液體玻璃溫度計，所選用之溫度計須精準至 $1°C$。

10.瀝青材料熔融器：用以加熱待測瀝青試樣，使其具足夠流動性。

11.脫模劑：塗抹於銅製倒入盤表面上，以防止瀝青試樣黏附於倒入盤內。

12.刮刀：用以修整銅環內瀝青試樣之表面。

13.鉗子。

14.蒸餾水或甘油。

二、材料：

具代表性之待測瀝青材料。

4-1-4　說明

一、瀝青材料 (Bituminous material) 屬於一種高分子聚合物 (Polymer)，其微結構為隨機分布之非結晶組織 (Amorphous structure)，當所處之環境溫度升高時，將漸次破壞其分子間之微弱凡得瓦力，使碳鏈與碳鏈間缺乏束制力，彼此易產生相對移動，其材料性質由固態漸轉趨向黏稠液態，此時，可將瀝青材料視為一黏彈性 (Visco-elastic) 材料。

二、瀝青材料並非結晶材料，由固態變成黏稠液態時，無法產生一顯著固定溫度之熔點 (Melting point)，當環境溫度由室溫持續升高至某一高溫時，瀝青材料之勁度開始變軟而黏度變小，再稍微升高環境溫度，則瀝青材料發生明顯勁度急遽降低之現象，此種由固體狀態逐漸軟化成液態過程中之軟化分界溫度，即稱之為瀝青材料軟化點 (Softening point)。

三、由於瀝青材料固態與黏稠液態之材質差異甚大，可能造成運裝、澆鑄、施工與維護上之品質與安全問題，進而限制其於工程應用上之環境條件與範圍，通常採用針入度簡易量測方式，判別不同瀝青材料之軟化點高低，於相同環境溫度條件下，試驗量測獲得針入度較小之瀝青材料，一般而言，其軟化點較高，而且對環境溫度之敏感度亦較低。

四、瀝青材料之軟化點，將因其非結晶組織微結構之化學成分與分布狀態不同而改變，所以，藉由試驗量測軟化點，可判別瀝青材料種類、供應來源或運裝時之均勻性，亦可作為其於高溫工程應用上之流動性趨勢指標。

五、地瀝青材料為多種化合物之混合體，其軟化點並非為一固定值。地瀝青材料，由固體轉變為黏稠液體之時程較為緩慢，因此，其軟化點包含一相當廣泛之溫度範圍，當溫度達到軟化點時，地瀝青材料僅具足夠流動性，但尚未完全轉變成為液體。

六、直餾瀝青之軟化點約為 35°C～75°C，吹製瀝青於同一針入度條件下，其

軟化點高於直餾瀝青，煤柏油與瀝青脂之軟化點則較低，通常約為 40°C 以下，至於中油公司 AC-85 瀝青膏之軟化點，則約為 46°C。

七、試驗原理：將已加熱至具流動性之瀝青試樣，先倒入兩銅環內，再分別以一固定重量之鋼球，放置於銅環內瀝青試樣之中央部位，兩銅環則另放置於一環架上,再將環架及銅環等組合設備一併安置於一玻璃容器內，再將浴槽液體倒入，然後，採用每分鐘升溫 5°C 之加熱速率，持續加熱使得瀝青試樣漸次軟化，直至鋼球藉自重落下，並接觸其下方底板為止，此時讀取溫度計之指示溫度，即為此瀝青試樣之軟化點。

4–1–5　試驗步驟

一、瀝青試樣之準備：

1. 使用瀝青材料熔融器，將低溫瀝青試樣予以熔融，持續加熱直至瀝青試樣具足夠流動性為止，於加熱過程中應經常攪拌，以避免試樣局部過熱，惟仍須小心攪拌，以減少生成氣泡滯留試樣中。其中，柏油試樣之加熱溫度，不可超過其軟化點 110°C 以上，且加熱時間不可超過 2 小時，至於煤焦油瀝青試樣，加熱溫度不可超過其軟化點 55°C 以上，加熱時間則不可超過 30 分鐘。

2. 將兩個銅環及鋼球擦拭乾淨，銅環先加熱，其溫度與瀝青具流動性時之溫度相同，為防止於澆鑄瀝青圓盤時，瀝青試樣黏附於倒入盤內，因此，塗抹一薄層脫模劑於銅製倒入盤表面上。

3. 然後，將已高溫熔融之瀝青試樣，先放置於倒入盤內，再由倒入盤澆鑄稍過量瀝青試樣於每一銅環內，並於室溫下冷卻至少 30 分鐘後，使用微加熱之刮刀，將高出銅環頂端之瀝青試樣予以刮平。

二、軟化點之試驗量測：

1. 依據待測瀝青試驗之預期軟化點高低,挑選適宜之溫度計與浴槽液體。

預期軟化點介於 30°C～80°C 之間者，使用新鮮煮沸之蒸餾水，且浴槽初始溫度為 5±1°C，當軟化點介於 80°C～157°C 者，則使用甘油且浴槽初始溫度為 30±1°C，若預期軟化點介於 30°C～110°C 者，可選擇使用乙二醇，但浴槽初始溫度仍為 5±1°C。

2. 將已填裝瀝青試樣之兩個銅環，安置於環架上之左右支座內，然後，將其懸掛於玻璃容器內之底板上，同時，將溫度計裝設於銅環架之中央處，溫度計之水銀球底部，須與銅環底面相同高度。

3. 將銅環、球的置中導引器、環架與溫度計等安裝組合完畢後，將兩環設備組合一併放置於三腳架之石棉網上，再將所選用之液體，倒入浴槽內至深度為 105±3 mm，若使用乙二醇浴槽，則須開啟抽風櫃內抽風設備之開關，以排除有毒蒸氣。

4. 使用鉗子，將兩鋼球放置於浴槽之底部，然後，將浴槽放置於冰水浴或熱水浴中，緩慢冷卻或加熱至該浴槽所需之初始溫度，待浴槽內鋼球與其他設備，達到相同初始溫度約 15 分鐘後，再使用鉗子，將兩鋼球由底部提起放置於球的置中導引器上。

5. 將加熱器放置於玻璃容器底面之中央處，徐徐加熱浴槽，使浴槽液體溫度每分鐘均勻升高 5°C，開始進行軟化點試驗之最初三分鐘內，升溫速率之最大容許差異值為每分鐘 ±0.5°C，試驗進行過程中，若升溫速率超過此最大容許差異值時，應將試驗結果捨棄之。

6. 溫度持續升高時，圓盤內瀝青試樣開始產生軟化，銅球開始由銅環上端緩緩落下，當包裹於兩鋼球上之瀝青試樣碰觸底板時，亦即當兩鋼球掉落下 25 mm 時之瞬間，溫度計中所指溫度，即為該瀝青試樣之軟化點，立即讀取並分別記錄為 T_1 與 T_2 (°C)，其精準度須至 0.5°C。兩鋼球不一定能同時落下接觸底板，如果，兩鋼球各自落下時之軟化點溫度差超過 1°C 時，須重新準備瀝青試樣及進行軟化點試驗。

4-1-6 計算公式

同一次軟化點試驗過程中，二個鋼球不一定能同時間落下接觸底板，故須將所試驗量測獲得二個溫度讀數加以平均，方可代表此瀝青試樣之軟化點：

$$瀝青軟化點平均值 (°C) = \frac{T_1 + T_2}{2} \tag{4-1-1}$$

式中 T_1：第一個鋼球落下時之軟化點溫度 (°C)。

T_2：第二個鋼球落下時之軟化點溫度 (°C)。

4-1-7 注意事項

一、須於 6 小時內完成柏油試樣之準備，煤焦油瀝青試樣則須 4.5 小時內完成準備工作，待試樣準備如期完成後，方可進行軟化點試驗，若須重複軟化點試驗，不可將原先已試驗過之瀝青試樣再次加熱，應使用未經試驗之新鮮瀝青試樣。

二、當本試驗作為仲裁訴訟重要試驗時，瀝青試樣軟化點 80°C 以下者，使用經煮沸後之新鮮蒸餾水浴槽，以防止瀝青試樣產生氣泡，影響試驗結果之正確性，至於軟化點 80°C 以上者，則使用甘油浴槽。

三、針對同一瀝青試樣而言，使用蒸餾水浴槽試驗量測所得之軟化點，低於使用甘油浴槽者，當軟化點稍高於 80°C 時，此差異將更加明顯且值得注意，因此，將浴槽液體由蒸餾水改成甘油時，將造成部分軟化點產生不連續現象。

四、使用乙二醇浴槽試驗量測所得之軟化點，與使用蒸餾水或甘油浴槽者不同，彼此間軟化點之差異，存在一特定關係式，例如，相同柏油試樣經不同浴槽液體試驗量測所得之軟化點 SP，

其中，SP（甘油浴槽）$= 1.026583 \times SP$（乙二醇浴槽）$- 1.334968°C$，

同時，SP（蒸餾水浴槽）$= 0.974118 \times SP$（乙二醇浴槽）$- 1.44459°C$。

五、於銅環內之瀝青試樣，尚未處理完成前，決不能先加熱於玻璃容器中之浴槽液體，否則試驗量測所得之軟化點溫度將偏高，另外，若升溫速率太快，則試驗量測所得之軟化點溫度亦偏高，反之則偏低。

六、同一瀝青試樣應進行二次軟化點試驗，將試驗結果求取其平均值。對於使用同一組儀器設備，由同一人操作試驗過程，其兩次試驗結果之軟化點溫度差異值，不得超過表 4–1 所列之最大容許誤差值。但如非同一人操作試驗過程，或非使用同一組儀器設備，則兩次試驗結果之軟化點溫度差異值，不得超過表 4–2 所列之最大容許誤差。

◣ 表 4–1　同一人操作且同一組儀器設備之最大容許誤差值

軟化點°C	容許誤差°C
30 以下	2.0
30 以上 80 以下	1.0
80 以上	2.0

◣ 表 4–2　非同一人或非同一組儀器設備之最大容許誤差值

軟化點°C	容許誤差°C
30 以下	4.0
30 以上 80 以下	2.0
80 以上	4.0

七、將已熔融瀝青試樣澆鑄於銅環內時，應一次澆鑄，即刻完成澆鑄稍過量試樣於銅環內，以防止氣泡之產生，進而影響試驗結果之正確性。另外，將已熔融瀝青試樣放置於倒入盤算起，至完成軟化點試驗之量測，所花費時間不得超過 4 小時。

4-1-8　試驗成果報告範例

　　針對一待測瀝青試樣進行兩次軟化點試驗——環球法，第一次軟化點試驗，兩鋼球掉落下 25 mm 時之瞬間，溫度計中所指溫度，分別為 $T_1 = 65.5°C$ 與 $T_2 = 66°C$，第二次軟化點試驗，兩鋼球掉落下 25 mm 時溫度，則分別為 $T_1 = 65°C$ 與 $T_2 = 65.5°C$，試驗室環境溫度為 23.5°C，相對溼度則為 68%，則此待測瀝青試樣之軟化點試驗成果報告如下所示。

瀝青軟化點試驗——環球法

試樣編號：　×××瀝青-02　　　　試驗室溫度：　　23.5°C
取樣日期：　102 年 6 月 20 日　　相 對 溼 度：　　68%
試驗日期：　102 年 6 月 22 日　　試 　驗 　者：　　×××

	第一次	第二次
兩鋼球掉落下 25 mm 時溫度	$T_1 = 65.5°C$ $T_2 = 66°C$	$T_1 = 65°C$ $T_2 = 65.5°C$
瀝青試樣之軟化點 (°C)	65.75	65.25
瀝青試樣平均軟化點 (°C)	65.5	

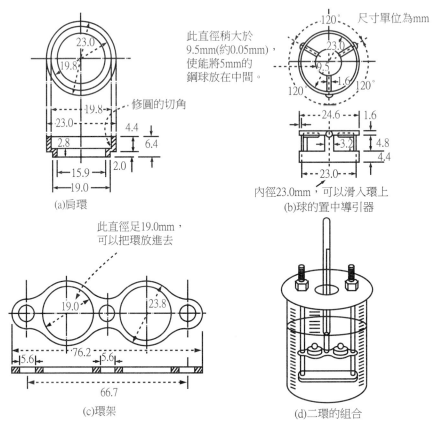

此直徑稍大於
9.5mm(約0.05mm)，
使能將5mm的
鋼球放在中間。

尺寸單位為mm

修圓的切角

(a)肩環

內徑23.0mm，可以滑入環上
(b)球的置中導引器

此直徑足19.0mm，
可以把環放進去

(c)環架

(d)二環的組合

■ 圖4–1　環球法瀝青材料軟化點試驗儀及設備組合

4-2 瀝青延性試驗
(Test for Ductility of Bituminous Materials)

4-2-1 參考資料及規範依據

CNS 10091 瀝青物延性試驗法。

ASTM D113 Standard test method for ductility of bituminous materials。

4-2-2 目的

大部分瀝青材料於常溫環境下，為半固體或黏稠液體，於外載拉伸荷重作用下，具大量變形擴展之能力，此即為瀝青材料之延性 (Ductility)，或稱之為韌性 (Toughness)，藉由試驗量測瀝青材料之延性大小，可用以代表瀝青材料對其他混合料之黏結能力，以及對龜裂及裂縫擴展之束制能力，適用於瀝青及乳化瀝青蒸餾試驗後殘餘物之延性檢驗。

4-2-3 試驗儀器及使用材料

一、儀器：

　1.瀝青延性測試機：如圖 4-2 所示，依據 ASTM 之規格，係一由水浴槽及拉伸設備所組成之量測儀器。其中，水浴槽須能保持試驗時所要求之溫度 ±0.1°C 以內，水浴槽之容量須大於 10 公升以上，且槽內之水量須能將瀝青試樣完全浸沒，同時，槽內水面至瀝青試樣頂面之間距至少 10 cm，瀝青試樣放置於一孔架上，其底面與水浴槽底部之距離，須至少 5 cm 以上。另外，於拉伸試驗過程中，瀝青試樣須能持續且完整浸泡於水中，當兩端夾頭保持一特定加載速率，將瀝青試樣拉伸至發生斷裂前，不得產生任何不適當之振動或轉動變形。

2. 塑模：係一黃銅製之瀝青試體模具，其規格尺寸如圖 4–3 所示，此塑模由兩端夾頭 b 和 b′ 及兩側模 a 和 a′ 所組成，將瀝青試樣澆鑄於此塑模後，瀝青拉伸試體須符合表 4–3 中之各尺寸規格。

▍表 4–3　澆模後瀝青拉伸試體之尺寸規格

項目	規格（單位 cm）
全長	7.45～7.55
兩夾頭間長度	2.97～3.03
夾頭開口之寬度	1.98～2.02
最小橫截面之寬度（兩夾頭間距離之半處）	0.99～1.01
全厚	0.99～1.01

3. 玻璃板或銅底板：用於瀝青試樣之準備。

4. 刮刀：用於整修瀝青試樣之表面。

5. 瀝青熔融器：加熱待測瀝青試樣，使其具足夠流動性。

6. 溫度計：溫度範圍 –8°C～32°C 且最小刻度為 0.1°C 之溫度計。

7. 脫模劑：塗抹於銅塑模上，防止瀝青試樣黏附於塑模內。

8. 加熱設備：酒精燈或本生燈。

9. 篩號 #50 標準篩：採用篩孔徑 300 μm 之標準試驗篩，過濾已熔融之瀝青試樣，以去除其所含雜質。

10. 直尺或游標尺。

二、材料：

具代表性之待測瀝青材料。

4–2–4　說明

一、瀝青延性試驗，乃採用一預先澆鑄具特定形狀與尺寸之瀝青試樣，將其放置於溫度 25°C 之水浴中，於每分鐘 5 公分之固定加載速度下，進行

水平拉伸試驗，持續拉伸直至此型塊瀝青試體，於最小橫斷面處產生斷裂破壞為止，由其產生斷裂破壞時已伸長之距離大小，代表此瀝青試樣之延性。

二、由於溫度與拉伸速率，對瀝青材料延性之影響甚巨，因此，進行延性試驗量測前，須先決定溫度與加載速率，一般規定延性試驗，乃於溫度 $25\pm0.5°C$ 與加載速率 $5\ cm/min\pm5\%$ 條件下，進行型塊瀝青試體之拉伸，若於其他溫度下進行延性試驗，則須施以另一特定加載速率。

三、預先澆鑄之型塊瀝青試樣，其形狀與尺寸如圖 4-3 所示，其中，試體長度約 7.5 cm，中央處存在一最小承拉斷面，此斷面之寬度與厚度皆為一公分，斷面積約為 1 平方公分，由於此處之橫斷面積最小，所承受之拉應力最大，通常型塊瀝青試樣於此最小斷面處產生斷裂破壞。

四、瀝青材料之延性，隨所處環境溫度高低而改變，當瀝青試樣於低溫環境下，通常材質脆弱且延性低，但當處於高溫環境時，材質卻變成黏稠且延性極佳，例如，原餾地瀝青材料，若將其置於溫度 25°C 環境下進行延性試驗，則約可試驗量測獲得 100 公分以上之拉伸長度。

五、依據美國 ASTM 規範規定，於低溫環境下，進行原餾地瀝青之延性試驗時，所採用之試驗溫度為 4°C，拉伸加載速率則為每分鐘 1 公分，但當處於高溫環境時，則建議試驗溫度提高為 25°C，且加載速率調整為每分鐘 5 公分。

六、具有較高延性之瀝青材料，通常其黏結力較強，例如，原餾地瀝青之延性較吹製地瀝青為高，亦較易受環境溫度高低之影響。

4-2-5 試驗步驟

一、為防止瀝青試樣黏附於底板與塑模上，須將銅底板或玻璃板表面及銅塑模內側表面（圖 4-3 中之 a 和 a'），塗抹一薄層脫模劑，然後，將銅底板

置於一平臺上或平坦地面上，再將銅塑模放於銅底板上，且使其與銅底板緊密接合。

二、先將瀝青試樣低溫加熱，直至熔融成流體且可倒出為止，加熱過程中應經常攪拌，以避免試樣局部過熱，再使用篩號 #50 孔徑為 300 μm 之標準篩，加以過濾雜質。

三、待將已過濾之瀝青試樣攪拌均勻後，倒注入試體塑模內至溢滿為止，注入試樣時，應來回反覆緩緩傾倒於塑模兩端間，且須避免碰觸塑模與底板任何部位。然後，將已填滿瀝青試樣之銅塑模及銅底板，於室溫中靜置，待冷卻 30～40 分鐘後，將其放置於水槽內之孔架上，水槽內需保持測試溫度 25±0.5℃，進行水浴約經 30 分鐘。

四、使用烘熱之刮刀，將銅塑模表面上過量之瀝青試樣，進行修整刮平，使瀝青試樣恰平滿於銅塑模表面，再將內含瀝青試樣之銅塑模與銅底板，完全浸入溫度保持 25±0.5℃ 之水槽內，進行水浴約 85～95 分鐘後取出，移除銅底板，同時，拆解銅塑模之內側表面 a 和 a′ 兩部分。

五、將銅塑模兩端夾頭之中空環，嵌入瀝青延性測試機內之鉤子，測試機內水槽之水溫須保持 25±0.5℃，然後，啟動測試機開關，設定每分鐘拉伸 5±0.3 公分之加載速率，直至瀝青試體產生斷裂破壞為止，此時，以直尺或游標尺量測，斷裂後瀝青試體銅塑模兩夾頭間之距離，並以公分表示之，即為此瀝青試樣之延性。

4-2-6　計算公式

當銅塑模試體拉伸至產生斷裂破壞時，或拉伸至幾乎無橫斷面積之細絲狀時，此已斷裂銅塑模試體兩端夾頭間之距離，以公分表示之，即為此瀝青試樣之延性。

4–2–7　注意事項

一、於注入瀝青試樣製模前，須先將銅塑模及銅底板稍微加熱，以避免因銅塑模及銅底板吸收部分熱能，使得倒注入之熔融瀝青試樣，產生急速冷卻現象，導致瀝青試樣性質變脆弱，進而影響試驗結果，同時，製模時應將已熔融瀝青試樣，一次注滿於銅塑模內，以防止氣泡之形成。

二、於製模時，勿移動或鬆動銅塑模內兩端夾頭及兩側模等部位，以避免所製成瀝青拉伸試體產生變形或扭曲，無法符合表 4–3 中之各尺寸規格。

三、通常標準試驗結果，乃是瀝青拉伸試體於兩端夾頭間，漸次拉伸成一細長線後產生斷裂，如果於試體拉伸試驗過程中，細長線不浮於水面或沉於水槽槽底，則需添加氯化鈉於水槽中，以改善水槽內水之比重。

四、瀝青拉伸試體之破壞位置，通常應發生於中央最小斷面處，若破壞發生於銅塑模兩端夾頭與瀝青試樣接觸部位，則此試驗結果可視為不正常情況，係試體製作不良所造成之試驗失敗，應捨棄之。

五、試驗所使用之瀝青延性測試機，其水槽內之直鋼桿，應保持平直不可彎曲，否則瀝青試體可能承受部分扭力作用，造成瀝青拉伸試體，於其與兩端夾頭接觸處產生破壞，並非發生於試體中央最小斷面處，此屬不正常之試驗結果，應視為一失敗試驗。

六、進行瀝青試樣延性試驗時，銅塑模試體須完全浸沒於水槽內之水，且其距水浴表面與水槽底部皆至少 2.5 cm，溫度差異值須小於 ±0.5℃。

七、進行瀝青延性試驗時，通常將銅塑模試體拉伸至產生斷裂為止，或拉伸至幾乎無橫斷面積之細絲狀時才停止，每一組試驗須製作三個塑模試體，瀝青試樣之延性，乃取三次試驗結果之平均值。

4–2–8　試驗成果報告範例

　　針對一待測瀝青試樣進行三次延性試驗，瀝青延性測試機中水槽內之水溫為 25.5°C，瀝青拉伸試體之加載速率為 5 cm／min。三次瀝青延性試驗結果，當銅塑模試體拉伸至產生斷裂時，此已斷裂銅塑模試體兩端夾頭間之距離，分別為 30.2、28.5、32.5 cm。試驗室環境溫度為 28.5°C，相對溼度則為 70%，則此待測瀝青試樣之延性試驗成果報告如下所示。

瀝青延性試驗

瀝青廠牌：＿＿＿×× 瀝青＿＿＿　　　試驗室溫度：＿＿28.5°C＿＿

取樣日期：＿102 年 9 月 18 日＿　　　相 對 溼 度：＿＿70%＿＿

試驗日期：＿102 年 9 月 22 日＿　　　試 　 驗 　 者：＿＿×××＿＿

加載速率：＿＿5 cm／min＿＿　　　水 槽 水 溫：＿＿25.5°C＿＿

項目	試驗值		
	1	2	3
瀝青試樣之延性 (cm)	30.2	28.5	32.5
瀝青試樣之平均延性 (cm)	30.4		

■ 圖 4-2　瀝青延性測試機

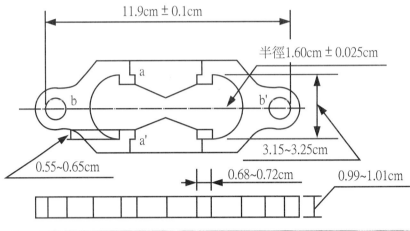

■ 圖 4–3　瀝青延性試驗之銅塑模及其規格尺寸

4-3 瀝青材料之比重試驗——比重瓶法
(Test for Specific Gravity of Bituminous Materials by Pycnometer Method)

依據瀝青試樣為液態或黏稠態之不同，量測瀝青材料比重之試驗方法，主要包括比重瓶法、比重計法、置換法等三種不同試驗法。

4-3-1 參考資料及規範依據

CNS 15476 半固態瀝青材料密度試驗法（比重瓶法）。

ASTM D70 Standard test method for density of semi-solid bituminous materials (pycnometer method)。

AASHTO T228 Standard method of test for specific gravity of semi-solid asphalt materials。

4-3-2 目的

藉由試驗量測瀝青材料之比重，主要為了解瀝青材料之材質特性，除可提供判別瀝青材料之種類與品質，以及瀝青混凝土配比設計上之參考，另外，亦可作為瀝青材料應用工程施工上，所需使用瀝青材料體積與其重量之換算，進而提供控制與供給瀝青材料之依據。

4-3-3 試驗儀器及使用材料

一、儀器:

1. 比重瓶: 瀝青材料比重試驗, 可採用之比重瓶種類如下。

   (1) Hubbard 氏比重瓶: 如圖 4-4 所示, 依據美國 ASTM D70 所設定之規格, 比重瓶容量約 24 cc, 屬於大口瓶, 瓶蓋中央處之孔徑約 1.6 mm, 適用於高黏稠度瀝青試樣之比重試驗。

   (2) Hubbard-Carmick 氏比重瓶: 按美國 ASTM D70 規定, 此比重瓶之容量約 25 cc, 亦屬於大口瓶, 其內側直徑約 22~26 mm 且高度為 70 mm, 瓶蓋中央處之孔徑約 1 mm, 同樣適用於高黏稠度瀝青試樣之比重試驗。

   (3) Wardon 氏比重瓶: 依美國 ASTM D70 規定之規格, 其容量約為 50 cc, 但屬於小口瓶, 適用於液體瀝青試樣之比重試驗, 此坡璃比重瓶之瓶口玻璃塞中央處, 須設置一孔徑介於 1.0~2.0 mm 間之開孔, 俾使空氣易於由此開孔排除於瓶外。

2. 恆溫水槽。

3. 瀝青熔融器: 加熱待測瀝青試樣, 使其具足夠流動性。

4. 天平或電子秤: 靈敏度須達 0.01 公克。

5. 溫度計。

6. 蒸餾水。

7. 加熱設備: 烘箱。

8. 軟布或棉花。

9. 清洗溶劑: 例如, 四氯化碳或二硫化碳。

二、材料：

　　任何具代表性之待測瀝青材料。如為液體狀態之瀝青試樣，則無須加熱即可直接進行比重試驗，但若屬於高黏稠度狀態之瀝青試樣，則須先採用瀝青熔融器低溫加熱方式，使其完全熔融變成液體狀態，再經充分均勻攪拌後，方可進行比重試驗，惟瀝青試樣內不許存有任何氣泡。

4–3–4　說明

一、瀝青材料之比重，係指於某一規定溫度條件下，一已知體積之瀝青材料重量，與其同體積之蒸餾水重量之比值。

二、本試驗法乃利用一特定比重瓶，試驗量測於規定溫度 25°C 條件時，某一固定體積瀝青材料之重量，與同溫度且同體積之蒸餾水重量之比值。

三、地瀝青材料比重之試驗量測非常重要，因為必須先精準量測獲得地瀝青材料之比重值，方能據以修正其於某一溫度條件下之體積與重量，以利瀝青材料之裝運與吸收壓縮處理。

四、固態狀地瀝青於常溫 25°C 環境下，通常採用比重瓶法，試驗量測獲得其比重值，若於其他溫度條件下，欲量測獲得地瀝青之比重，則可藉由表 4–4 加以修正之，因此，一般所謂地瀝青材料之比重，係指於常溫 25°C 時，其與同體積蒸餾水之重量比值。

■ 表 4–4　其他溫度下固態地瀝青比重之修正數

溫度 °C	修正數	溫度 °C	修正數
15	−0.0040	23	−0.0007
16	−0.0035	24	−0.0004
17	−0.0031	25	±0.0000
18	−0.0027	26	+0.0003
19	−0.0022	27	+0.0007
20	−0.0019	28	+0.0010
21	−0.0015	29	+0.0013
22	−0.0011	30	+0.0016

五、至於液態地瀝青材料，通常則使用比重計法，試驗量測獲得其比重值，比重計法係於水溫 15.6°C 之條件下，所試驗量測獲得液態地瀝青之比重值，可藉由表 4–5 加以修正獲得，於溫度 25°C 條件下液態地瀝青之比重值。

■ 表 4–5　其他溫度下液態地瀝青比重之修正數

溫度 °C	修正數	溫度 °C	修正數
15	± 0.0000	23	+0.0033
16	+0.0005	24	+0.0036
17	+0.0009	25	+0.0040
18	+0.0013	26	+0.0043
19	+0.0018	27	+0.0047
20	+0.0021	28	+0.0050
21	+0.0025	29	+0.0053
22	+0.0029	30	+0.0056

4–3–5　試驗步驟

一、測定液體狀態地瀝青材料之比重：

1. 先將比重瓶擦拭乾淨後，秤取比重瓶（含頂端玻璃塞）於空瓶狀態下之總重量，並記錄為 W_1 (g)。

2. 將蒸餾水裝滿於比重瓶內，再放置於水溫 25°C 之恆溫水槽內，並將其浸沒 30 分鐘以上直至恆溫為止。

3. 由水槽內取出比重瓶，將比重瓶之表面水擦拭乾淨後，量秤比重瓶（含頂端玻璃塞）於充滿蒸餾水狀態下之總重量，讀記為 W_2 (g)。

4. 將比重瓶內之蒸餾水全部倒出後，再將其擦拭乾淨。

5. 將液體狀態瀝青材料試樣放置於恆溫水槽內，待其恆溫至 25°C。

6. 將溫度 25°C 之液態瀝青試樣倒滿於比重瓶內，蓋緊頂端玻璃塞後並拭淨之，量秤比重瓶（含頂端玻璃塞）於充滿液態瀝青試樣狀態下之總重量，並讀記為 W_3 (g)。

二、測定高黏稠度狀態地瀝青材料之比重：

1. 將比重瓶擦拭乾淨，秤取比重瓶於空瓶狀態下之總重量，讀記為 W_1 (g)。

2. 將比重瓶裝滿蒸餾水，並浸沒於 25°C 恆溫水槽內，恆溫 30 分鐘以上。

3. 由水槽內取出比重瓶，將其表面水擦拭乾淨，立即量秤比重瓶於充滿蒸餾水狀態下之總重量，讀記為 W_2 (g)。

4. 將瓶內蒸餾水傾出，再倒入約半瓶容積之高黏稠度狀態地瀝青試樣後，量秤比重瓶於添加半瓶地瀝青試樣狀態下之總重量，讀記為 W_4 (g)。

5. 再倒入蒸餾水，填滿比重瓶內尚剩餘約半瓶容積之空間，立即量秤比重瓶於充滿地瀝青試樣與蒸餾水狀態下之總重量，讀記為 W_5 (g)。

4–3–6 計算公式

一、液體狀態瀝青試樣之比重 $(25°C) = \dfrac{W_3 - W_1}{W_2 - W_1}$　　　　　　　(4–3–1)

式中 W_1：比重瓶於空瓶狀態下之總重量 (g)。

W_2：比重瓶於充滿蒸餾水狀態下之總重量 (g)。

W_3：比重瓶於充滿液態瀝青試樣狀態下之總重量 (g)。

二、高黏稠狀態瀝青試樣之比重 $(25°C) = \dfrac{W_4 - W_1}{(W_2 - W_1) - (W_5 - W_4)}$　　(4–3–2)

式中 W_1：比重瓶於空瓶狀態下之總重量 (g)。

W_2：比重瓶於充滿蒸餾水狀態下之總重量 (g)。

W_4：比重瓶於添加半瓶瀝青試樣狀態下之總重量 (g)。

W_5：比重瓶於充滿瀝青試樣與蒸餾水狀態下之總重量 (g)。

4–3–7　注意事項

一、進行瀝青材料之比重試驗時，只能使用新鮮之蒸餾水，而且將液態狀態瀝青試樣倒入比重瓶內時，應小心傾倒，以防止於瓶內形成氣泡，進而影響試驗結果之正確性。

二、針對高黏稠度狀態之瀝青試樣，當將其倒入比重瓶內時，應小心緩緩傾倒，以防止高黏稠度瀝青試樣，黏附於比重瓶內側壁面上。

三、使用瀝青熔融器將瀝青試樣加以熔融時，宜徐徐提升加熱之溫度，待其具足夠流動性，即可停止加熱，千萬不可加溫過高，以避免瀝青試樣逸散太多揮發性物質，導致試驗結果之誤差。

四、進行瀝青材料比重試驗時，恆溫水槽之溫度，應保持於 $25 \pm 0.2°C$ 之範圍，而且量秤重量之靈敏度須達 0.01 公克，否則可能影響試驗量測所得之比重值，無法達成精度 ± 0.005 之要求。

五、當試驗量測較高黏稠度之瀝青試樣時，待試驗操作完畢後，可先將比重瓶內蒸餾水倒出，再放置於烘箱內加熱，烘箱內溫度以不超過 $100°C$ 為宜，直至瀝青試樣完全熔融成為液態後，將此液態瀝青試樣倒出，然後，使用軟布或棉花等，將比重瓶內外側擦拭乾淨，亦可使用適量之溶劑，例如，四氯化碳或二硫化碳，則擦拭效果更佳。

4–3–8　試驗成果報告範例

針對一待測高黏稠瀝青試樣，進行三次比重瓶法之比重試驗量測，恆溫水槽之溫度保持於 25°C，所使用蒸餾水之溫度亦為 25°C。三次瀝青比重試驗結果如下，比重瓶之空瓶重 W_1，分別為 25.1、24.9、25.0 g，比重瓶加滿蒸餾水之重 W_2，分別為 50.1、50.2、50.1 g，比重瓶倒入約半瓶高黏稠瀝青之重 W_4，分別為 38.2、38.0、38.3 g，比重瓶添加半瓶高黏稠瀝青與半瓶蒸餾水之重 W_5，分別為 50.7、50.5、50.7 g。試驗室環境溫度為 24.5°C，相對溼度則為 68%，則此待測瀝青試樣之比重試驗成果報告如下所示。

瀝青材料之比重試驗──比重瓶法

瀝青廠牌：　　××瀝青　　　　　試驗室溫度：　　24.5°C
取樣日期：　102 年 10 月 8 日　　相 對 溼 度：　　68%
試驗日期：　102 年 10 月 11 日　　試　驗　者：　　×××

項目	試驗值		
	1	2	3
比重瓶空瓶重 W_1 (g)	25.1	24.9	25.0
比重瓶加滿蒸餾水重 W_2 (g)	50.1	50.2	50.1
比重瓶倒入約半瓶瀝青試樣之重 W_4 (g)	38.2	38.0	38.3
比重瓶添加半瓶瀝青試樣與半瓶蒸餾水之重 W_5 (g)	50.7	50.5	50.7
高黏稠瀝青試樣之比重 $= \dfrac{W_4 - W_1}{(W_2 - W_1) - (W_5 - W_4)}$	1.016	1.023	1.047
瀝青試樣之平均比重	1.029		

■ 圖 4-4　瀝青材料比重試驗之 Hubbard 氏比重瓶

4-4 瀝青材料之比重試驗──比重計法 (Test for Specific Gravity of Bituminous Materials by Hydrometer Method)

4-4-1 參考資料及規範依據

CNS 2493 煤溚比重測定法。

ASTM D1298 Standard test method for density, relative density (specific gravity), or API gravity of crude petroleum and liquid petroleum products by hydrometer method。

AASHTO T227 Standard method of test for density, relative density (specific gravity), or API gravity of crude petroleum and liquid petroleum products by hydrometer method。

4-4-2 目的

　　瀝青材料之比重，隨其化學成分與品質不同而改變，藉由簡易比重計法，可快速試驗量測獲得其比重值，除提供判別所使用瀝青材料之材質特性與品質均勻性外，亦可提供瀝青混凝土配比設計上，換算所使用瀝青材料之體積與重量，以及控管與供給瀝青材料之重要依據。

4-4-3 試驗儀器及使用材料

一、儀器：

　　1.比重計：為應用於試驗量測不同比重值之瀝青材料試樣，須使用一系列具不同刻度範圍之比重計，通常比重計長度為 30 ± 2 cm，且其最小刻度為 0.005，如圖 4-5 所示，此比重計上之刻度界限皆不同，主要

區分成 0800～0900、0900～1000、1000～1070、1070～1150、1150～1230 等不同刻劃種類，亦即針對比重值介於 0.800～1.230 之瀝青試樣，先預估其可能之比重值，再選用一適宜刻度範圍之比重計，應用於試驗量測此瀝青試樣之比重值。

2. 量筒：使用容積約為 500 毫升之量筒，其內直徑不得小於 32 公釐，高度約 350 公釐。

3. 溫度計：可使用水銀溫度計，其溫度量測範圍介於 0°C 至 100°C 間，最小溫度刻度為 1°C。

4. 加熱儀器：任何適宜加熱設備皆可，例如，烘箱或酒精燈。

5. 恆溫水槽。

6. 燒杯或瓷盆：裝填瀝青試樣之燒杯或瓷質容器，其容量約為 500 mℓ。

7. 吸墨紙或濾紙。

二、材料：

任何具代表性之待測瀝青材料。

4-4-4 說明

一、於一特定溫度條件下，瀝青材料單位重與 4°C 水單位重之比值，即為此瀝青材料於此溫度下之比重，瀝青材料之比重值，隨溫度不同而改變。

二、一已知重量之物體，若將其放置於一內含液體之容器內，當其浮沉於此液體中，則此物體所承受之浮力等於其重量，而且此浮力大小等於所排開同體積液體之重量。

三、當容器內所使用液體之比重不同時，則針對一固定重量之物體而言，其於此容器中之浸沒深度，將隨所使用液體之比重增加而降低，亦即由此固定重量物體於容器內之浮沉深度，可反算所使用液體之比重，此乃比重計之應用原理。

四、本試驗法乃於規定溫度 25°C 條件下，先預估所量測瀝青試樣之比重值，選用一合宜之比重計進行比重試驗，惟此比重計之刻度範圍，須涵蓋待測瀝青試樣之初估比重值。

五、針對於常溫環境下為液體狀態之瀝青材料而言，比重計試驗法相較於比重瓶試驗法，試驗流程操作簡易且迅速，同時，能直接量測獲得溫度 25°C 條件下之液態瀝青試樣比重值。

4–4–5　試驗步驟

一、試樣之準備：

　　1.任何液體狀態之瀝青試樣：先將量筒內外擦拭乾淨，放置於一平坦堅硬之地面上或一平臺上，量筒須能自行保持垂直聳立，然後，以燒杯或瓷盆，稱取瀝青試樣約 500 公克，再將液體狀態瀝青試樣緩緩倒入量筒內，小心防止形成氣泡，直至一適宜高度即可停止傾倒。觀察量筒內是否存在氣泡，若發現仍有些許氣泡，應俟所有氣泡漂浮至試樣表面後，再使用吸墨紙或濾紙，將所有氣泡吸盡清除。

　　2.任何固體狀態之瀝青試樣：以燒杯或瓷盆，稱取固體狀態瀝青試樣約 500 公克後，先使用加熱設備徐徐加熱之，並適宜地將其攪拌，使燒杯中各處溫度均勻，持續加熱至溫度略高於 55°C 才停止。然後，將試樣倒入已擦拭乾淨之量筒內，直至一適宜高度即可。量筒內若產生氣泡，須俟氣泡浮至量筒內之試樣表面後，再用吸墨紙或濾紙將其吸除。

二、比重計試驗操作：

　　1.將上述已傾注瀝青試樣之量筒，放置於恆溫水槽中，待冷卻至一特定溫度（通常為 25°C 或 50°C），且無任何氣泡存在時，立即將比重計，以垂直方向緩慢地插放入量筒內。

2. 若由於瀝青試樣黏稠度高低之影響，導致比重計緩慢地下沉，此時，可能須經過一段較長且足夠之時間，才能使比重計下沉至某一穩定點，為驗證比重計試驗量測獲得此穩定點之正確性，此時，可將量筒內之比重計往上提高約 6 mm，然後鬆手放下比重計，再次讓其下沉直至一穩定點，前後兩次試驗比重計之穩定點須相同。

3. 當比重計下沉趨於穩定後，則讀取量筒內瀝青試樣之液面，與比重計對齊平行之刻度，此讀數即為瀝青試樣之比重值。

4–4–6　計算公式

當比重計之重量，等於所排開同體積液體瀝青試樣之重量，此時，量筒內之比重計，恰下沉至一穩定點，由液體狀態瀝青試樣液面與比重計對齊處之刻度，讀取獲得此瀝青試樣，於溫度 t 時與 4°C 水之比重值 ρ^*，則此瀝青試樣於溫度 25°C 時與 4°C 水之比重值 ρ，可由下式（式 4–4–1）計算獲得：

$$\rho = \rho^* + 0.0007(t - 25) \tag{4-4-1}$$

式中 ρ^*：瀝青試樣於溫度 t 時與 4°C 水之比重值。

ρ：瀝青試樣於溫度 25°C 時與 4°C 水之比重值。

此瀝青試樣於溫度 25°C 時與 25°C 水之比重值 S，則可由式 4–4–2 計算獲得：

$$S = 1.0029\rho \tag{4-4-2}$$

式中 ρ：瀝青試樣於溫度 25°C 時與 4°C 水之比重值。

S：瀝青試樣於溫度 25°C 時與 25°C 水之比重值。

4–4–7　注意事項

一、當將比重計插放入已裝填液體狀態瀝青試樣之量筒內時，必須避免使其與量筒壁接觸或碰撞，進而影響試驗結果之正確性。

二、比重試驗進行過程中，由於部分瀝青試樣黏稠度之影響，於插放比重計後，無法馬上達到一穩定點，必須俟比重計於量筒中緩慢下沉穩定後，才能讀取比重計中之刻度，求得瀝青試樣之比重值。

三、當將比重計插放入已裝填瀝青試樣之量筒中，應避免過度壓沉比重計，導致比重計下沉深度，超過穩定點甚多，由於過多摩擦力作用於比重計表面，因此，比重計無法回復至其穩定點。

四、施力壓沉量筒內之比重計，使其僅超出穩定點三至四個最小刻度時，當所施加壓力去除後，則此比重計應能立刻上升至其穩定點，倘壓沉後並無上升現象，顯示此待測瀝青試樣之黏稠度較高，應改採較高比重值範圍之比重計，重新試驗量測之，若仍無法上升至一穩定點，建議採用其他方式測定之，例如，比重瓶比重試驗法。

五、於進行比重試驗過程中，如果瀝青試樣之顏色較暗黑，導致無法精準讀取瀝青試樣液面與比重計對齊處之刻度時，可讀取對齊處之半月形液面最上端之刻度，然後，依經驗加以修正求得可靠之比重值。

4-4-8　試驗成果報告範例

　　針對一待測高黏稠液體狀態瀝青試樣，進行三次比重計法之比重試驗量測，恆溫水槽之溫度 t 保持於 50°C。三次瀝青比重試驗結果，比重計之讀數 ρ^*，分別為 1.098、1.105、1.116。試驗室環境溫度為 22.5°C，相對溼度則為 60%，則此待測高黏稠液體狀態瀝青試樣之比重試驗成果報告如下所示。

瀝青材料之比重試驗──比重計法

瀝青廠牌：　　××瀝青　　　　　試驗室溫度：　　22.5°C
取樣日期：　102 年 10 月 18 日　　相　對　溼　度：　　60%
試驗日期：　102 年 10 月 21 日　　試　　驗　　者：　　×××

項目	試驗值		
	1	2	3
恆溫水槽溫度 t (°C)	50	50	50
比重計讀數 ρ^* (50°C)	1.098	1.105	1.116
$\rho = \rho^* + (t - 25) \times 0.0007$ (25°C)	1.1155	1.1225	1.1335
$S = 1.0029\rho$ (25°C)	1.119	1.126	1.137
瀝青試樣之平均比重 (25°C)	1.127		

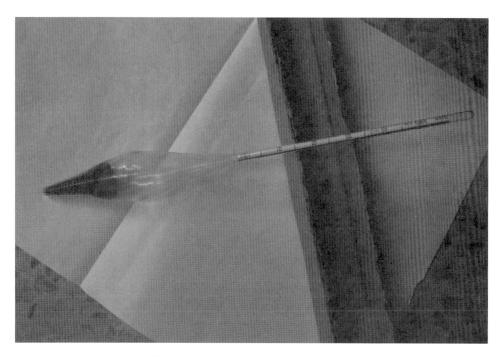

■ 圖 4–5　瀝青材料比重試驗之比重計

4–5 瀝青材料之比重試驗──置換法 (Test for Specific Gravity of Bituminous Materials by Displacement Method)

4–5–1 參考資料及規範依據

ASTM D71 Standard test method for relative density of solid pitch and asphalt (displacement method)。

AASHTO T229 Standard method of test for density of solid pitch and asphalt (displacement method)。

4–5–2 目的

不同種類與品質之瀝青材料具有不同之比重，本試驗採用置換法，直接量測獲得瀝青試樣之比重值，可提供瀝青混凝土配比設計上，計算瀝青材料使用量及控制瀝青材料品質之參考。

4–5–3 試驗儀器及使用材料

一、儀器：

　　1. 天秤：使用任何型式之天秤皆可，但其靈敏度須達 0.001 公克。

　　2. 燒杯：通常使用玻璃燒杯，其容量約為 500 mℓ。

　　3. 跨座：用以支承燒杯，跨於天秤其中一端之底盤上。

　　4. 銅模：用以澆鑄製成 127 mm × 127 mm × 127 mm 之瀝青立方試體。

　　5. 坩鍋：不附加頂蓋者。

　　6. 玻璃板或銅板。

　　7. 加熱儀器：任何適宜加熱設備皆可，例如，烘箱或酒精燈。

8.恆溫恆溼櫃。

9.脫模劑。

10.軟刀。

11.蒸餾水。

二、材料：

任何具代表性之固體狀態或高黏稠狀態待測瀝青材料。

4–5–4　說明

一、瀝青試體於空氣中之重量，與其於 25°C 水中之重量差值，乃此瀝青試
樣所排開同體積 25°C 水之重量，因此，將瀝青試樣於空氣中之重量，
除以其於空氣中與 25°C 水中之重量差值，即為此瀝青材料於 25°C 時之
比重值。

二、內含瀝青試樣之容器，其於空氣中與 25°C 水中之重量差，為此瀝青試
樣所排開同體積 25°C 水之重量，藉由內含瀝青試樣容器與空容器於空
氣中之重量差，求得瀝青試樣於空氣中之重量，再將其除以內含瀝青試
樣容器於空氣中與 25°C 水中之重量差，可求得此瀝青材料之比重值。

三、本置換法比重試驗，將適量高黏稠狀態瀝青試樣倒入坩鍋內後，分別試
驗量測空坩鍋、內含瀝青試樣坩鍋於空氣中、25°C 水中之重量，進而計
算獲得此高黏稠狀態瀝青試樣之比重值。

四、本置換法比重試驗，將固體狀態瀝青試樣製成 127 mm × 127 mm × 127
mm 之立方試體後，分別試驗量測瀝青立方試體於空氣中與 25°C 水中之
重量，進而計算獲得此固體狀態瀝青試樣之比重值。

4–5–5　試驗步驟

一、試樣之準備：

1.高黏稠狀態瀝青試樣：先使用加熱儀器進行低溫加熱，使瀝青試樣具足夠流動性後，將其倒入一已擦拭乾淨之坩鍋中，直至坩鍋內所倒入瀝青試樣量，約為坩鍋容量 $\frac{2}{3}$ 時才停止，傾注瀝青試樣時必須小心注意，不能使坩鍋內產生任何氣泡，然後，將坩鍋放置於恆溫恆溼櫃中，恆溫恆溼櫃內之溫度，需經常保持於 $25\pm0.2°C$ 之間，經過約半小時後，由恆溫恆溼櫃中取出內含瀝青試樣之坩鍋，準備進行置換法比重試驗。

2.固體狀態瀝青試樣：先將立方體銅模之內側面及玻璃板或銅板底面上，分別均勻塗抹一薄層之脫模劑，然後，再將銅模放置於玻璃板或銅板上，其接觸處須緊密接合。使用加熱儀器低溫加熱固體狀態之瀝青試樣，須徐徐加熱，並防止過量物質之蒸散損失，當此瀝青試樣已熔融至具足夠流動性後，將其小心倒入銅模內，直至溢滿銅模頂部時，即予以停止。將已注滿瀝青試樣之銅模與底板，靜置於室溫下緩慢冷卻，另先將一軟刀略加熱後，再使用此軟刀，將溢滿銅模頂部之多餘凸出瀝青試樣小心割除，應使銅模頂部與瀝青試樣表面平整對齊，然後，將內含瀝青試樣之銅模與底板，一併放置於恆溫恆溼櫃中，恆溫恆溼櫃內溫度須保持 $25\pm0.2°C$，約經過半小時後，由恆溫恆溼櫃中取出內含瀝青試樣之銅模與底板，脫除銅模及底板後，準備對瀝青立方試體進行置換法比重試驗。

二、置換法比重試驗之操作：

1.高黏稠狀態瀝青試樣：於準備瀝青試樣前，將天秤之其中一端掛鉤，紮上一已打蠟之細絲線，於此細絲線上，繫綁一已擦拭乾淨之坩鍋，

然後，量秤此坩鍋於空氣中之重量，並記錄為 W_1。另外，於天秤中繫有細絲線之一端，放置一跨上底盤之一跨座，跨座上放一裝盛 $25 \pm 0.2°C$ 蒸餾水之燒杯，將坩鍋浸沒於此燒杯內，可量秤獲得坩鍋於 $25 \pm 0.2°C$ 蒸餾水中之重量，將其記錄為 W_2。將前述試樣準備中所獲得內含部分瀝青試樣之坩鍋，繫綁於天秤一端之細絲線上，量秤此內含瀝青試樣坩鍋於空氣中之重量，並記錄為 W_3。最後，將此內含瀝青試樣坩鍋，浸沒於溫度 $25 \pm 0.2°C$ 蒸餾水之燒杯中，量秤其於溫度 $25 \pm 0.2°C$ 蒸餾水中之重量，並記錄為 W_4，依式 4–5–1 可計算獲得此瀝青試樣之比重值。

2. 固體狀態瀝青試樣：天秤一端掛鉤上繫上一細絲線，先秤細絲線於空氣中之重量，並記錄為 W_1。將前述試樣準備所獲得之瀝青立方試體，繫於細絲線上，量秤細絲線與瀝青立方試體於空氣中之重量，並記錄為 W_3，再將此瀝青立方試體，浸沒於 $25 \pm 0.2°C$ 之蒸餾水燒杯內，量秤細絲線於空氣中與瀝青立方試體於 $25°C$ 蒸餾水中之重量總和，並記錄為 W_4，依式 4–5–2 可計算獲得此瀝青試樣之比重。

4–5–6 計算公式

一、高黏稠狀態瀝青試樣：

$$\text{瀝青試樣之比重 } S = \frac{\text{某一體積瀝青試樣重 } (25°C)}{\text{同體積蒸餾水重 } (25°C)}$$

$$= \frac{W_3 - W_1}{(W_3 - W_1) - (W_4 - W_2)} \tag{4-5-1}$$

式中 W_1：空坩鍋於空氣中之重量 (g)。

W_2：空坩鍋於 $25°C$ 蒸餾水中之重量 (g)。

W_3：內含瀝青試樣坩鍋於空氣中之重量 (g)。

W_4：內含瀝青試樣坩鍋於溫度 $25°C$ 蒸餾水中之重量 (g)。

二、固體狀態瀝青試樣：

$$瀝青試樣之比重 S = \frac{某一體積瀝青試樣重 (25°C)}{同體積蒸餾水重 (25°C)}$$

$$= \frac{W_3 - W_1}{W_3 - W_4} \qquad (4\text{-}5\text{-}2)$$

式中 W_1：細絲線於空氣中之重量 (g)。

　　　W_3：細絲線與瀝青立方試體於空氣中之重量 (g)。

　　　W_4：細絲線於空氣中與瀝青立方試體於溫度 25°C 蒸餾水中之重量總和 (g)。

4–5–7　注意事項

一、若使用氯化汞或水銀等脫模劑，於塗抹銅模內側面或底板時，須小心注意，避免對操作者健康產生不利之影響。

二、針對瀝青試樣進行加熱時，須避免因高溫而產生大量物質之蒸散，同時，傾注瀝青試樣於銅模或坩鍋內時，必須小心注意，不能使銅模或坩鍋產生任何氣泡，進而影響試驗結果之正確性。

三、量秤空坩鍋於 25°C 蒸餾水中之重量，或內含瀝青試樣坩鍋於 25°C 蒸餾水中之重量時，皆須確認燒杯內蒸餾水完全浸沒坩鍋，以避免影響所量測獲得重量之正確性。

四、量秤細絲線於空氣中與瀝青立方試體於 25°C 蒸餾水中之總重量時，蒸餾水須完全浸沒瀝青立方試體，但細絲線全部外露於空氣中，不沾附任何蒸餾水，否則將影響量測所得瀝青試樣比重值之正確性。

4–5–8 試驗成果報告範例

　　針對一待測高黏稠瀝青試樣，進行三次置換法之比重試驗量測，恆溫水槽之溫度保持於 25°C，所使用蒸餾水之溫度亦為 25°C。三次瀝青比重試驗結果如下，空坩鍋於空氣中之重量 W_1，分別為 125.1、124.9、125.0 g，空坩鍋於 25°C 蒸餾水中之重量 W_2，分別為 80.3、80.0、80.4 g，內含瀝青試樣坩鍋於空氣中之重量 W_3，分別為 168.5、167.0、169.3 g，內含瀝青試樣坩鍋於溫度 25°C 蒸餾水中之重量 W_4，分別為 83.5、82.3、83.9 g。試驗室環境溫度為 22.5°C，相對溼度則為 67%，則此待測瀝青試樣之比重試驗成果報告如下所示。

瀝青材料之比重試驗──置換法

瀝青廠牌：　　××瀝青　　　　試驗室溫度：　　22.5°C　
取樣日期：　102 年 10 月 16 日　　相 對 溼 度：　　67%　　
試驗日期：　102 年 10 月 20 日　　試　驗　者：　　×××　

項目	試驗值		
	1	2	3
空坩鍋於空氣中之重量 W_1 (g)	125.1	124.9	125.0
空坩鍋於 25°C 蒸餾水中之重量 W_2 (g)	80.3	80.0	80.4
內含瀝青試樣坩鍋於空氣中之重量 W_3 (g)	168.5	167.0	169.3
內含瀝青試樣坩鍋於溫度 25°C 蒸餾水中之重量 W_4 (g)	83.5	82.3	83.9
高黏稠瀝青試樣比重 S (25°C) $= \dfrac{W_3 - W_1}{(W_3 - W_1) - (W_4 - W_2)}$	1.080	1.058	1.086
瀝青試樣之平均比重	1.075		

4-6　瀝青材料賽氏黏度試驗
(Test for Saybolt Viscosity of Asphalt)

　　試驗量測瀝青材料黏度所使用之儀器，依據其使用範圍之不同，可挑選之黏度計種類繁多，包括常見之賽氏黏度計 (Saybolt viscosimeter)、英氏黏度計、瑞氏黏度計及司氏黏度計等，本試驗採用賽氏黏度計進行瀝青材料黏度之量測。

4-6-1　參考資料及規範依據

　　CNS 3483 石油產品賽氏黏度檢驗法。

　　ASTM D88 Standard test method for Saybolt viscosity。

　　AASHTO T72 Standard method of test for Saybolt viscosity。

4-6-2　目的

　　瀝青材料之黏稠度隨所處環境溫度高低而改變，通常處於環境溫度較高之瀝青材料，其稠度較小、流動性較高且施工性較佳，因此，為了解不同瀝青材料，於不同應用溫度範圍內之流動性，藉由黏度計試驗量測，瀝青材料於一特定溫度範圍內之流動特性，除可提供瀝青混凝土配比設計之依據外，亦可作為瀝青混凝土施工應用時，挑選適宜現地拌合與搗實溫度之參考。

4-6-3　試驗儀器及使用材料

一、儀器：

　　1.賽氏黏度計：如圖 4-6 所示，全部由耐腐蝕金屬所製成，其主要部分包括黏度管與黏度孔，黏度管直徑約為 2.974 cm，高度則約為 12.5 cm，包含流出口管之長度 1.225 cm，黏度管容積約 60 cc。賽氏黏度

計須垂直放置於恆溫槽內，使用一螺帽，將其下部固定於恆溫槽底部，同時，使用一圓柱形木塞，堵塞黏度計下部之細孔出口處，以防瀝青試樣之滲漏流出。

2. 恆溫槽：除可保持黏度計之垂直位置，恆溫槽亦具有攪拌、絕緣、加熱與冷卻等功能之裝置，槽內使用閃光點 250°C 以上之機油。進行加熱時，恆溫槽內加熱液面，須高於黏度計內之液流邊頂面約 0.64 cm，恆溫槽底部則須與木塞頂點同高，確保黏度計內所有瀝青試樣，皆加熱至相同之一特定溫度。

3. 吸液管。

4. 過濾漏斗。

5. 受油瓶。

6. 黏度溫度計：量測黏度計內瀝青試樣之溫度，最小刻度為 0.1°C。

7. 恆溫槽溫度計：量測恆溫槽內機油之溫度，最小刻度為 0.1°C。

8. 篩網：使用篩號 #100 之標準篩，其篩孔為 0.149 公釐，將瀝青試樣倒入黏度計時，篩網須放於漏斗上，以過濾瀝青試樣中之雜質。

9. 溫度計支架。

10. 計時器：最小刻度 0.2 秒以下，所需精度為於計時 60 分鐘以上時，其誤差須小於 0.1% 以內。

11. 溶劑苯。

二、材料：

具代表性之待測瀝青試樣。

4–6–4　說明

一、使用賽氏黏度計試驗量測瀝青材料之黏度，乃於一特定溫度下，將 60 cc 瀝青試樣，倒入一容積為 60 cc 之黏度管內，經一特定尺寸之黏度孔出

口處，完全流出所需花費時間之秒數，即為該瀝青試樣之賽氏黏度。

二、本試驗法，可應用於量測瀝青材料於溫度範圍 21.1°C～99°C 間之賽氏黏度，賽氏黏度儀可選用兩種不同黏度孔徑，其中，黏度孔較小者，其直徑約為 0.1765 cm，可稱之為通用黏度孔 (Universal orifice)，選用通用黏度孔所試驗量測獲得之黏度，以所花費時間之秒數表示之，稱之為賽氏通用黏度（Saybolt universal viscosity，簡稱 SUS）。若瀝青試樣之賽氏通用黏度大於 1000 秒，則可改用黏度孔較大且直徑約為 0.5437 cm 者，一般稱之為燃料油黏度口 (Furol orifice)，其所試驗量測獲得之黏度，亦以瀝青試樣完全流出所花費時間之秒數表示之，稱之為賽氏燃料油黏度（Saybolt furol viscosity，簡稱 SFS）。

三、不論賽氏通用黏度或賽氏燃料油黏度，當其黏度值小於 200，亦即所花費時間之秒數為 200 秒以下時，黏度值應精準至 0.1 秒，若黏度值介於 200 秒～1200 秒時，黏度值應精準至 0.5 秒，當黏度值為 1200 秒以上者，則應精準至 1 秒。

四、液態地瀝青材料，通常使用兩種黏度試驗，包括 ASTM D2170 之動黏度試驗及 ASTM D88 之賽氏黏度試驗，其試驗量測所得動黏度與賽氏黏度值，彼此存在一特定關係式，即動黏度等於 2.12 倍之賽氏黏度。

4–6–5 試驗步驟

一、將賽氏黏度計安放於一水平位置，使用溶劑苯洗淨黏度管，並擦拭乾燥後，將黏度管底部，以螺帽垂直固定於一恆溫槽之槽底，同時，以軟木塞堵塞黏度管底部之空氣室，黏度管上端則放置一金屬環，此恆溫槽內注滿水或油皆可，但其加熱液面須高於黏度管之溢流邊頂部，槽底則須與軟木塞相同高度。

二、蓋上恆溫槽之儀器蓋，將恆溫槽溫度計自蓋頂孔中倒插入槽內，並以溫

度計支架固定之，再將冷凝管接上水源，然後，啟動恆溫槽電源開關加熱之，同時，轉動恆溫槽之儀器蓋，使恆溫槽內液體能均勻加熱至所需檢驗溫度，應控制槽內溫度與檢驗溫度之誤差值小於 0.1℃。

三、將篩號 #100 具篩孔 0.149 公釐之標準篩，放置於黏度管之頂面作為濾網，再將經加熱已熔融之瀝青試樣，通過濾網徐徐倒入黏度管內，直至瀝青試樣填滿黏度管，且其液面高過溢流邊，然後，蓋上黏度管之頂蓋，將黏度溫度計由頂蓋孔中倒插入黏度管內，徐徐攪拌管內之瀝青試樣，調整恆溫槽內之溫度，使瀝青試樣經 1 分鐘連續攪拌後，均能保持與檢驗溫度之誤差值小於 0.03℃。

四、當黏度管內瀝青試樣達到檢驗溫度後，將黏度溫度計由黏度管內拔出，再使用吸液管，將溝槽中之瀝青試樣吸除，直至黏度管內瀝青試樣液面低於溢流邊，但須小心操作，尤須避免吸液管碰觸溢流邊，然後，將黏度管頂端加蓋。

五、將 60 cc 受油瓶放置於黏度管底部流出處之正下方，受油瓶刻劃處與黏度管底部之距離約為 10～13 cm，使流出之瀝青試樣，恰滴落於受油瓶之瓶頸邊，然後，迅速猛然拔除黏度管底部之軟木塞，使黏度管內瀝青試樣流入受油瓶內，同時，按下計時器開始計時，當受油瓶內液面達 60 cc 刻劃處時停止計時，所花費時間以秒記錄之。

六、記錄試驗時恆溫槽與黏度管內之溫度，即為此黏度試驗之檢驗溫度，經拉拔黏度管底部流出處之軟木塞後，瀝青試樣由開始流出至流滿 60 cc 容積之受油瓶，所需花費之時間秒數，即為此瀝青試樣於此檢驗溫度下之賽氏黏度。

4-6-6　計算公式

瀝青試樣於賽氏黏度計之黏度管底部流出處，由開始流出至流滿 60 cc

受油瓶所需花費之時間秒數，即為此瀝青試樣之賽氏黏度。

4-6-7　注意事項

一、本賽氏黏度試驗法，係適用於 21°C～99°C 間之特定溫度條件下，試驗
　　量測瀝青材料之黏度，以代表其流動性之優劣，例如，常溫下石油產品
　　地瀝青之賽氏黏度。

二、若欲進行試驗之檢驗溫度大於室溫時，可將瀝青試樣預先加熱，但不可
　　超過檢驗溫度 1.6°C，並且應避免瀝青試樣於預熱過程中，超過其閃火
　　點溫度 27.8°C，否則將造成揮發性成分之蒸散損失，因改變瀝青試樣成
　　分，進而影響試驗結果之正確性。

三、將內含瀝青試樣黏度管放置於恆溫槽內，進行檢驗溫度之恆溫過程中，
　　應避免短暫性快速加熱升溫，或使用冰冷物體放入恆溫槽內液體中急速
　　降溫。

四、使用吸液管吸取黏度管溢滿之瀝青試樣時，可將吸液管尖端，放置於溝
　　槽中某一點後，再進行吸取已溢滿之瀝青試樣，但應避免吸液管直接碰
　　觸液流邊，否則可能因吸取黏度管內瀝青試樣，進而降低其液面高度，
　　如此，將導致試驗結果之誤差。

五、進行黏度試驗時，試驗室溫度宜保持於 20°C～30°C，且應遠離通風口或
　　溫度急遽變化處，同時，防止灰塵汙染試樣，或發生試樣成分揮發蒸散。

六、由將瀝青試樣倒入黏度管內算起，至拔除黏度管底部軟木塞，所花費之
　　試驗操作時間，不宜超過 15 分鐘。

七、本賽氏黏度試驗所量測獲得之 SUS 與 SFS 黏度值，此兩黏度值間之互
　　換計算關係，可參考表 4-6 所列之數據。針對一特定瀝青材料而言，通
　　常賽氏燃料油黏度值約為賽氏通用黏度值之 $\frac{1}{10}$，亦即 $SFS = \frac{SUS}{10}$。

八、當瀝青材料於一特定溫度下，其性質仍屬非常黏稠者，即使採用燃料油

黏度孔，所試驗量測獲得之 SFS 仍大於 1000 秒，或當瀝青材料於此一特定溫度下，其性質屬於高流動性者，採用通用黏度孔，所試驗量測獲得之 SUS 仍小於 32 秒，具有以上兩種性質之瀝青材料，皆不適合使用賽式黏度試驗量測其流動性。

九、當潤滑油類及蒸餾類瀝青材料之 SFS 小於 25 秒者，則須改選用通用黏度孔，其 SUS 通常大於 32 秒但小於 1000 秒，若蒸餾類瀝青材料之 SUS 大於 1000 秒者，則須選用燃料油黏度孔，其 SFS 一般大於 25 秒。針對一特定瀝青材料而言，雖可選用通用黏度孔或燃料油黏度孔，但較佳之選擇，乃是所試驗量測獲得之 SUS 或 SFS 黏度值，最好介於 200～300 秒間，或非常接近此範圍。

▌表 4-6　瀝青材料 SUS 與 SFS 黏度值之互換計算表

單位: 秒

SUS	SFS	SUS	SFS	SUS	SFS
32	–	100	15	800	81
34	–	110	16	900	91
36	–	120	17	1000	101
38	–	130	17	1100	111
40	–	140	18	1200	121
42	–	160	20	1300	131
44	–	180	21	1400	141
46	–	200	23	1500	151
48	–	225	25	1750	175
50	–	250	27	2000	200
55	12	300	32	2500	250
60	12	350	37	3000	300
65	13	400	41	4000	400
70	13	450	46	5000	500
75	13	500	51	7500	750
80	14	550	56	10000	1000
85	14	600	61	25000	2500
90	14	650	66	50000	5000
95	15	700	71		

4-6-8　試驗成果報告範例

　　針對一待測瀝青試樣進行三次賽氏黏度試驗，選用通用黏度孔試驗量測瀝青試樣之賽氏通用黏度，恆溫槽內之水溫為 25°C。將 60 cc 瀝青試樣，通過濾網徐徐倒入黏度管後，進行三次瀝青賽氏黏度試驗，當瀝青試樣於賽氏黏度計之黏度管底部流出處，由開始流出至流滿 60 cc 受油瓶所需花費之時間秒數，三次試驗結果 SUS 黏度值分別為 254、264、277 秒。試驗室環境溫度為 21.5°C，則此待測瀝青試樣之賽氏黏度試驗成果報告如下所示。

瀝青材料賽氏黏度試驗

瀝青廠牌：　　××瀝青　　　　　　試驗室溫度：　　21.5°C
取樣日期：　102 年 10 月 28 日　　恆溫槽溫度：　　25°C
試驗日期：　102 年 10 月 30 日　　試　驗　者：　　×××

項目	試驗值		
	1	2	3
瀝青試樣之 SUS 黏度值（秒）	254	264	277
瀝青試樣之平均 SUS 黏度（秒）	265		

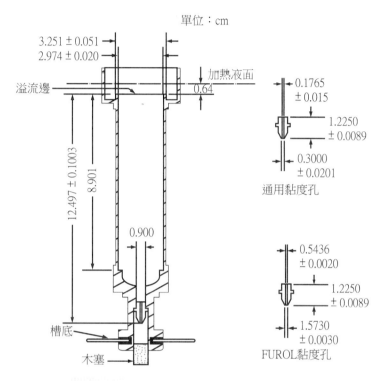

單位：cm

3.251 ± 0.051
2.974 ± 0.020

溢流邊
加熱液面
0.64

12.497 ± 0.1003
8.901
0.900

槽底
木塞

0.1765
± 0.015
1.2250
± 0.0089
0.3000
± 0.0201

通用黏度孔

0.5436
± 0.0020
1.2250
± 0.0089
1.5730
± 0.0030

FUROL黏度孔

■ 圖 4-6　賽氏黏度儀與其形狀尺寸示意圖

4-7 瀝青材料閃火點與著火點試驗——克氏開口杯法
(Test for Flash and Fire Points of Bituminous Materials by Cleveland Open Cup)

4-7-1 參考資料及規範依據

CNS 3775 克氏開口杯閃火點與著火點測定法。

ASTM D92 Standard test method for flash and fire points by Cleveland open cup tester。

AASHTO T48 Standard method of test for flash and fire points by Cleveland open cup。

4-7-2 目的

由於低揮發性或極不可燃之瀝青材料，經持續加熱升溫過程中，其內部蒸散氣體，可能與空氣形成一具可燃性之混合物，進而發生閃火與燃燒爆炸等現象，因此，必須試驗量測瀝青材料之閃火點 (Flash point) 與著火點 (Fire point) 溫度，以避免於試驗中，因瀝青材料加熱方式與溫度範圍之不慎，造成發生燃燒與爆炸等危險。另外，許多瀝青材料之工程應用，採用現地加熱方式，因此，試驗量測所得之閃火點與著火點，可提供限制熱拌瀝青混凝土拌合溫度之參考與依據。

4-7-3 試驗儀器及使用材料

一、儀器：

1.克氏開口杯閃火點與著火點試驗儀：如圖 4-7 所示，包括克氏開口杯、

加熱板、試焰器與支架等，依 ASTM 規格，其加熱設備方式，可區分為瓦斯氣熱引火式與電熱引火式兩種。其中，由黃銅所製成且上端附有一把柄之克氏開口杯，其規格尺寸如圖 4-8 所示，乃用以裝填瀝青試樣。另外，一金屬細管火焰槍，其一端連接瓦斯桶，且設置一開關，用以調整瓦斯火焰直徑至約 4 mm 大小。

2. 護罩：具 46 cm×46 cm 方型基座且高度為 61 cm，用以保護試驗者安全之防護措施。

3. 溫度計：所需溫度計之刻度範圍為 −6°C 至 400°C。

4. 溫度計支架。

5. 瀝青熔融器：加熱瀝青試樣，使其具足夠流動性。

6. 吸管。

7. 加熱設備：可使用瓦斯燈與酒精燈等。

8. 溶劑苯：供清洗試杯之用。

二、材料：

具代表性之液體狀態待測瀝青質材料，若屬固體狀態或高黏稠狀態之試樣，則須預先於 149°C～177°C 高溫環境下，加以熱熔融成液體狀態。

4-7-4　說明

一、於一特定試驗室環境下，藉由持續加熱瀝青材料，使其內部蒸散逸出之碳氫蒸氣，與空氣形成一具可燃性或爆炸性之混合物，當試焰可將此混合物予以點著之最低溫度，稱為閃點，若試焰可使混合物產生較大火焰，且沿瀝青材料表面蔓延，則稱之為閃火。

二、將內含瀝青材料之燒杯持續加熱過程中，當試焰與燒杯表面接觸，即引起小爆炸燃燒，且燃燒火焰蔓延燒杯表面之時間約 1 秒鐘，此時所需持續加熱之最低溫度，即為此瀝青材料之閃火點或閃光點。若溫度達到閃

火點後仍繼續加熱升溫，直至當試焰橫過燒杯表面，可燃燒火焰且蔓延燒杯表面約 15 秒鐘時，其所需持續加熱之最低溫度，稱之為瀝青材料著火點或燃燒點。

三、於燒杯內倒入一定量之瀝青試樣，加熱過程中，初始升溫速度較快，於接近瀝青試樣之閃點時，降低升溫速度，但仍保持等速升溫方式，每隔一固定時間，將試焰通過燒杯表面檢測，檢驗是否產生火焰且蔓延燒杯表面，即可試驗量測獲得瀝青材料之閃火點與著火點。

四、一般瀝青材料之閃火點與著火點，隨其種類與等級不同而改變，例如，較軟等級地瀝青膏，其閃火點為 177°C 以上，至於較硬等級地瀝青膏，其閃火點高於較軟等級者，且可高達 232°C 以上。

五、當瀝青材料加熱溫度超過其閃火點或著火點時，即可能燃燒爆炸，甚至發生嚴重火災，因此，針對瀝青材料施工現地之安全評估與防範措施，必須預先試驗量測所使用瀝青材料之閃火點與著火點，另外，於試驗室進行瀝青材料之閃火點與著火點試驗時，必須避免火焰接觸易燃物，務必遠離酒精、瓦斯、煤油等。

六、一般地瀝青之工程應用，主要採用現場實地加熱方式，必須試驗量測其閃火點與著火點，地瀝青之著火點較其閃火點高約 20°C 以上，地瀝青使用時之加熱溫度，通常不超過 180°C，至於吹製地瀝青之閃火點則為 200°C 以上，其著火點更高於 220°C，因此，吹製地瀝青引起閃光與燃燒等危險之可能性較小。

七、道路鋪面所常見之焦油，其閃火點及著火點均低於 150°C，當路面工程使用焦油時，若未小心控制焦油之加熱溫度，容易達到產生閃光及燃燒之溫度，因此，利用焦油進行道路施工時，所可能發生閃光與燃燒之危險性，較使用地瀝青者為大。

4–7–5 試驗步驟

一、將閃火點與著火點試驗儀，放置於一無抽氣設備之試驗室，或一小空間內之一堅固桌面上，並且針對儀器擺放位置周邊，分別進行護罩與強光隔離等措施，以利試驗過程中人員安全與易於觀察閃火現象，再將克氏開口杯放於儀器中之圓孔上，同時，觀測試驗室之氣壓值，並記錄為 P (mmHg)。

二、使用溶劑苯將克氏開口杯擦拭乾淨，以去除前次試驗所殘留之瀝青，再將開口杯冷卻至比預估閃火點低 56°C 以上之溫度，然後，於後續試焰掃描路徑垂直之杯半徑中點，垂直插入溫度計於溫度計支架上，並且使溫度計內水銀球距開口杯底約 6.4 mm。

三、使用瀝青熔融器，將瀝青試樣加熱熔融至具足夠流動性後，於試驗室環境溫度條件下，將瀝青試樣倒入克氏開口杯內，直至瀝青試樣液面與杯內填滿刻度線對齊，瀝青試樣液面不可存在任何氣泡，勿使瀝青試樣超出填滿刻度線或溢出杯外，否則須以吸管將過量瀝青試樣吸除。

四、使用加熱設備，對開口杯內瀝青試樣進行加熱，將加熱設備之火焰置於開口杯之正下方，初始加熱升溫過程中，採用每分鐘 14°C～17°C 升溫速度持續加熱之，當加熱溫度升高至低於瀝青試樣閃火點約 56°C 時，調降加熱升溫速度為每分鐘僅 5°C～6°C。

五、點燃試焰並調整火焰直徑為 3.2 mm～4.8 mm，當加熱溫度升高至低於瀝青試樣閃火點至少 28°C 時，將試焰沿開口杯直徑方向掃過杯面，焰心移動之水平面，不得高於開口杯上緣 2 mm 以上，掃過杯面之時間約 1 秒鐘，並且每次升高溫度 2°C 時，即刻再次將試焰沿開口杯直徑方向掃過杯面，每次焰心於同一水平面上沿單方向移動，連續兩次試焰卻以相反方向移動。當瀝青試樣表面發生青藍色閃光時，則此時溫度計之讀數，

即為此瀝青試樣之閃火點，並記錄為 A (°C)。

六、試驗量測獲得瀝青試樣之閃火點後，繼續以每分鐘 5°C～6°C 之升溫速度加熱之，且每次升高溫度 2°C 時，將試焰沿開口杯直徑方向掃過杯面，直至瀝青試樣表面發生持續燃燒 5 秒鐘以上，則此時溫度計之讀數，即為此瀝青試樣之著火點，並記錄為 I (°C)。

4–7–6　計算公式

由上述克氏開口杯試驗中，當瀝青試樣表面發生閃光時之溫度，即為此瀝青試樣之觀測閃火點 A (°C)，當瀝青試樣表面發生持續燃燒 5 秒時之溫度，即為此瀝青試樣之觀測著火點 I (°C)，若試驗室之氣壓並非 760 mmHg，則應依式 4–7–1 與式 4–7–2 計算校正此瀝青試樣之閃火點與著火點。

$$瀝青試樣之校正閃火點 = A + 0.03(760 - P) \qquad (4–7–1)$$
$$瀝青試樣之校正著火點 = I + 0.03(760 - P) \qquad (4–7–2)$$

式中 A: 瀝青試樣之觀測閃火點 (°C)。

　　　I: 瀝青試樣之觀測著火點 (°C)。

　　　P: 試驗室之氣壓 (mmHg)。

4–7–7　注意事項

一、本試驗法採用克氏開口杯，試驗量測瀝青材料之閃火點與著火點，但並不適宜試驗量測閃火點低於 79°C 之瀝青材料。

二、對克氏開口杯內瀝青試樣進行加熱時，應水平擺置一加熱板，使其能均勻受熱，避免加熱火焰不穩定，進而產生溫度不均現象，另外，於試樣閃火點到達前 17°C 之加熱過程中，應避免由於試驗操作人員之呼吸，或不慎移動開口杯，導致干擾瀝青試樣所溢出之蒸氣，影響試驗結果之觀測閃火點。

三、針對同一瀝青試樣之克氏開口杯閃火點與著火點試驗，一般應進行至少三次之試驗，以量測獲得正確之觀測閃火點及著火點。另外，同一試驗室同一人員操作之試驗結果，閃火點與著火點之誤差值應小於 8°C，兩不同試驗室之試驗結果，其閃火點之誤差值應小於 17°C，著火點之誤差值則應小於 14°C。

四、本試驗應於室內不通風處或暗室進行之，於試驗通風櫃或具有空調設備之試驗場所，所進行之閃火點與著火點試驗結果，不可靠且誤差值可能很大，同時，考量操作人員與試驗室之安全，對於酒精桶、煤油、汽油等易燃物，均應搬離試驗現場。

五、本試驗所量測獲得瀝青材料之閃火點，代表其含有可燃性物質之可能性，至於其著火點，則代表瀝青材料持續燃燒之特性。

4-7-8　試驗成果報告範例

　　針對一待測瀝青試樣，進行三次克氏開口杯閃火點與著火點試驗，試驗室之氣壓值 P 為 750 mmHg。瀝青試樣觀測閃火點 A 三次試驗結果，分別為 232.8、228.2、234.4°C，三次觀測著火點 I 試驗結果，則分別為 254.4、248.6、252.1°C。試驗室環境溫度為 20.5°C，則此待測瀝青試樣之克氏開口杯閃火點與著火點試驗成果報告如下所示。

瀝青材料閃火點與著火點試驗——克氏開口杯法

瀝青廠牌：　　××瀝青	試驗室溫度：　　20.5°C
取樣日期：　102 年 11 月 2 日	試驗室氣壓 P：　750 mmHg
試驗日期：　102 年 11 月 8 日	試　　驗　　者：　　×××

項目	試驗值		
	1	2	3
瀝青試樣之觀測閃火點 A (°C)	232.8	228.2	234.4
瀝青試樣之校正閃火點 $= A + 0.03(760 - P)$ (°C)	233.1	228.5	234.7
瀝青試樣平均閃火點 (°C)	232.1		
瀝青試樣之觀測著火點 I (°C)	254.4	248.6	252.1
瀝青試樣之校正著火點 $= I + 0.03(760 - P)$ (°C)	254.7	248.9	252.4
瀝青試樣平均著火點 (°C)	252.0		

■ 圖 4-7　克氏開口杯閃火點與著火點試驗儀

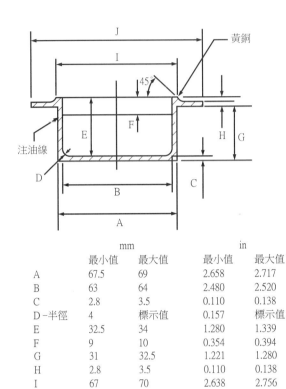

	mm		in	
	最小值	最大值	最小值	最大值
A	67.5	69	2.658	2.717
B	63	64	2.480	2.520
C	2.8	3.5	0.110	0.138
D-半徑	4	標示值	0.157	標示值
E	32.5	34	1.280	1.339
F	9	10	0.354	0.394
G	31	32.5	1.221	1.280
H	2.8	3.5	0.110	0.138
I	67	70	2.638	2.756
J	97	100	3.819	3.937

▨ 圖 4-8　克氏開口杯之規格尺寸示意圖

4-8 瀝青材料針入度試驗
(Penetration Test of Bituminous Materials)

4-8-1 參考資料及規範依據

CNS 10090 瀝青物針入度試驗法。

ASTM D5 Standard test method for penetration of bituminous materials。

AASHTO T49 Standard method of test for penetration of bituminous materials。

4-8-2 目的

　　瀝青材料於一特定溫度、荷重與時間條件下，將一標準針垂直倒插入瀝青試樣內，藉由所貫入試樣之深淺，代表瀝青材料之軟化程度、稠度與流動性大小等，亦可作為判別瀝青材料種類與等級之標準。另外，瀝青材料應用於道路鋪面時，其材質穩定性與變形抵抗力，主要受到環境溫度、承載荷重及施作時間等因素影響，所以，瀝青材料之針入度試驗結果，可提供瀝青混凝土配比設計及道路鋪面穩定性評估之一重要參考與依據。

4-8-3 試驗儀器及使用材料

一、儀器：

　　1.針入度試驗儀：如圖 4-9 所示，包括穿透針，針軸與試樣容器等，其中，針軸重 47.5 ± 0.05 g，穿透針與針軸共重 50.0 ± 0.05 g，針軸應易於拆解以量秤驗證其重量，放置試樣容器之臺面必須平整，而且此臺面與針軸相互垂直。進行針入度試驗量測時，針軸須能垂直光滑移動，使穿透針插入試樣容器內之瀝青試樣，且無摩擦因素影響試驗結果，

試驗量測所獲得之針入度須精準至 0.1 mm，全部穿透針可量測 40 mm 範圍內，可刻劃分為 400 個最小針入單位 0.1 mm，亦即可試驗量測針入度之範圍為 0～400 間。於某些極端材質或溫度試驗條件下，需額外添加不同數量之 50±0.05 g 及 100±0.05 g 兩種砝碼，使得進行針入度試驗時，穿透針與針軸之總重能高達 100 g 或 200 g。

2. 穿透針：如圖 4-10 所示，由完全硬化且回火之不鏽鋼所製成，穿透針直徑為 1.00～1.02 mm 且長度約為 50 mm，其中一端須研磨成 8.7 至 9.7 度之完全對稱錐體，錐體中心軸須與穿透針中心軸平行且同軸心，錐體尖端橫剖面直徑為 0.14～0.16 mm，且與穿透針中心軸垂直。須使用直徑 3.2±0.05 mm 且長度 38±1 mm 之黃銅製或不鏽鋼製套圈，將穿透針加以穩固套牢於針軸，露出套圈外之穿透針部分，其長度約為 40 至 45 mm 間，穿透針與套圈之重量為 2.5±0.05 g。

3. 試樣容器：由金屬或玻璃所製成之平底圓筒，依試樣針入度深淺，須使用不同尺寸之試樣容器。若試樣針入度小於 200 者，試樣容器直徑為 55 mm 且容器內部深度為 35 mm，當試樣針入度介於 200～350 者，所選用之試樣容器，其直徑為 70 mm 且容器內部深度為 45 mm。

4. 恆溫水槽：用以進行試樣水浴之水槽，其容量至少 10 公升，槽內水溫須維持於 25±0.1℃，或其他特定試驗溫度 ±0.1℃，另外，須將試樣放置於一多孔支撐架上，此支撐架距離恆溫水槽底部至少 50 mm 以上，且與水槽內液面之距離須大於 100 mm 以上。

5. 轉送盤：為一金屬所製成之平底圓筒，其內徑須大於 90 mm，容量至少 350 mℓ 且具有足夠深度，以完全浸沒試樣容器，可將轉送盤放置於一臺三腳架上，以提供試樣容器穩固支撐且避免產生移動。

6. 瀝青熔融器：加熱瀝青試樣，使其具足夠流動性。

7. 計時器：電子錶、馬錶或其他計時器皆可，惟最小刻度須為 0.1 秒，且

60 秒內之誤差值須小於 0.1 秒。

8.溫度計：使用最小刻度為 0.1°C 之水銀溫度計，其溫度刻度範圍為 19～27°C、−8～32°C、25～55°C。

9.溶劑苯：用以清洗穿透針與試樣容器。

二、材料：

具代表性之固體狀態或高黏稠狀態之待測瀝青試樣。

4-8-4　說明

一、相同瀝青材料於不同環境溫度下，承受不同外載荷重作用，經歷不同時間持續作用後，所造成之軟化程度、黏稠度與變形量皆將不同，因此，瀝青材料之流動性，除受其種類與品質之影響外，亦與載重大小、時間長短及溫度高低有關。

二、瀝青材料之針入度試驗，乃使用一標準針，於一特定溫度、荷重與施作時間之條件下，垂直倒插入瀝青試樣內，標準針所貫入試樣之深度，採用 0.1 mm 為一基本最小單位，試驗量測獲得瀝青試樣之針入度。

三、瀝青試樣針入度較大者，表示此瀝青試樣較軟且稠度較小，材質等級較差，若瀝青試樣之針入度較小者，代表此瀝青試樣較硬且稠度較大，材質等級較高。

四、本瀝青材料之針入度試驗條件，分別是 25°C，100 g 載重及 5 秒時間，適用於高黏稠狀態瀝青、固體狀態瀝青或乳化瀝青蒸餾試驗後殘餘物，當瀝青試樣之針入度小於 350 時，可採用本試驗之標準儀器與方法量測之，若瀝青試樣之針入度介於 350～500 間，則須採用特殊容器與針量測之，此特殊容器之深度須至少 60 mm，且瀝青試樣容積不得超過 125 mℓ，以利於調整一適當之試樣溫度。

五、瀝青材料之針入度試驗，將因待測瀝青試樣之種類與等級不同，需選定

不同之溫度、荷重與針入時間等條件，常見瀝青材料之針入度試驗，可區分為表 4-7 所列之三種不同條件加以試驗之。

▐ 表 4-7　常見瀝青材料針入度試驗之溫度、荷重與針入時間條件

溫度 (°C)	荷重（公克）	針入時間（秒）
0	200	60
25	100	5
46	50	5

4-8-5　試驗步驟

一、試樣之準備：

1. 使用瀝青熔融器，將固體狀態或高黏稠狀態瀝青試樣徐徐加熱之，加熱過程中，小心攪拌並避免形成氣泡，使其具足夠流動性即可，若屬焦油瀝青試樣，加熱溫度僅能高於其預估軟化點至多 60°C，若是地瀝青試樣，則加熱溫度不得高於其預估軟化點 90°C 以上。

2. 將已熔融瀝青試樣倒入試樣容器內，所需倒入試樣量，乃待瀝青試樣冷卻至一特定試驗溫度時，容器內試樣深度，仍高於預估針入度之深度，且至少 10 mm 以上。

3. 將試樣容器頂部蓋妥，以防止雜質粉塵掉落入內，再將試樣容器置於 15°C～30°C 空氣中冷卻之，若屬適用於較小針入度之 90 mℓ 容器，約需 1～1.5 小時即可完成試樣冷卻，至於適用於較大針入度之 180 mℓ 容器者，則約需 1.5～2 小時方能達成試樣之冷卻。

4. 然後，將試樣容器與轉送盤，同時放入 25°C 恆溫水槽中，進行恆溫水浴，使其符合 25°C 之試驗溫度，使用 90 mℓ 試樣容器者約需 1～1.5 小時，至於 180 mℓ 試樣容器者則約需 1.5～2 小時。

二、將盛有瀝青試樣之試樣容器與轉送盤，由恆溫水槽內取出，並將試樣容

器放入轉送盤內，轉送盤中須添加恆溫槽中之水，使其溢滿試樣容器。

三、將此轉送盤放置於針入度試驗儀內之支架上，並調整穿透針，使穿透針尖端與瀝青試樣表面接觸，並於穿透針上安置一重量為 50 公克之砝碼，使針軸、穿透針與砝碼之總重為 100 公克，其中，包含穿透針及針軸自重之 50 公克，調整指針刻度測微鼓，或將指針刻度盤歸零，讀取指針於刻度盤上之最初讀數，記錄為 L_1 且其須精準至 0.1 mm。

四、鬆開穿透針及其上之針軸與砝碼，使其藉由自重 100 公克，產生自然垂直下降運動，進而貫穿進入瀝青試體內，鬆開穿透針之瞬時，即按下馬錶開始計時，於本試驗規定時間 5 秒內，停止穿透針之移動下降，然後，調整刻度盤之測微鼓，讀取此時刻度盤上之最終讀數，記錄為 L_2 且其須精準至 0.1 mm。最後，計算刻度盤之最終讀數與最初讀數之差值 $L_2 - L_1$ (0.1 mm)，即可獲得此瀝青試樣之針入度。

4–8–6　計算公式

瀝青材料針入度試驗過程中，分別量測獲得刻度盤上最初讀數 L_1 與最終讀數 L_2，即可由下式（式 4–8–1）計算獲得此瀝青試樣之針入度。

瀝青試樣之針入度 (0.1 mm) $= L_2 - L_1$ 　　　　　　　　　(4–8–1)

式中 L_1：瀝青針入度試驗儀刻度盤上之最初讀數 (0.1 mm)。

L_2：瀝青針入度試驗儀刻度盤上之最終讀數 (0.1 mm)。

4–8–7　注意事項

一、加熱熔融固體狀態瀝青材料以製作試樣時，焦油瀝青與地瀝青試樣之加熱溫度，不可分別超過其軟化點 60 與 90°C，而且加熱時間不可超過 30 分鐘，否則造成揮發性物質蒸散損失且易生氣泡，進而影響針入度值之準確性。

二、本試驗法適用於高黏稠狀態與固體狀態之瀝青材料,對於同一瀝青試樣,應施作三次以上之針入點試驗量測,再計算求得其平均值,三次試驗量測結果,當所獲得之針入度範圍,分別屬於 0～49、50～149、150～249 或 250 以上者,其試驗量測所得針入度最大值與最小值之容許偏差值,分別為 2、4、6 與 8,若超過此容許偏差值,則使用第二個瀝青試樣,再試驗量測針入度值三次,如仍超出容許偏差值,則所有試驗結果皆須捨棄之。

三、每一次針入試驗量測後,應使用溶劑苯擦拭穿透針與試樣容器後,才再施作另一次之針入試驗量測,同時,穿透針與針軸之連接部位,應隨時保持良好之潤滑,否則易生成摩擦阻力,進而影響針入度之試驗量測結果。

四、施作針入試驗量測時,每一次針入點距試樣容器邊緣,及其與前次施作針入點之間距,皆應大於 1 cm 以上,若前後二次針入位置非常接近,則施作第二次針入時,因第一次針入造成附近瀝青密度增加,將導致第二次量測所得針入度值之減小。

五、若瀝青試樣針入度大於 350 者,則仍可使用標準穿透針,但改變為容積 177 mℓ 試樣容器與 50 g 載重,然後,再由瀝青試樣於 50 g 載重條件下,試驗量測所得之針入度值,乘以 1.414,計算此瀝青試樣於 100 g 載重條件下,轉換所求得之針入度值。

六、一般而言,於氣候炎熱之地區,應使用較低針入度等級之瀝青,以避免於夏季高溫時發生軟化現象。相反地,於天候較寒冷之地區,則宜使用較高針入度等級之瀝青,以避免於嚴寒冬季發生脆裂之情形。

4-8-8　試驗成果報告範例

　　針對一待測瀝青試樣進行針入度試驗，恆溫槽內之水溫為 25°C，瀝青針入度試驗儀刻度盤上之最初讀數 L_1，三次試驗結果分別為 2、3、2 (0.1 mm)，瀝青針入度試驗儀刻度盤上之最終讀數 L_2，三次試驗結果分別為 78、81、79 (0.1 mm)。試驗室環境溫度為 21.5°C，則此待測瀝青試樣之針入度試驗成果報告如下所示。

瀝青材料針入度試驗

瀝青廠牌：＿＿＿＿××瀝青＿＿＿＿　　試驗室溫度：＿＿＿21.5°C＿＿＿

取樣日期：＿102 年 11 月 2 日＿　　恆溫槽溫度：＿＿＿25°C＿＿＿

試驗日期：＿102 年 11 月 5 日＿　　試　驗　者：＿＿＿×××＿＿＿

項目	試驗值		
	1	2	3
刻度盤之最初讀數 L_1 (0.1 mm)	2	3	2
刻度盤之最終讀數 L_2 (0.1 mm)	78	81	79
瀝青試樣之針入度 $L_2 - L_1$ (0.1 mm)	76	78	77
瀝青試樣之平均針入度 (0.1 mm)	77		

◣ 圖 4–9　瀝青材料針入度試驗儀

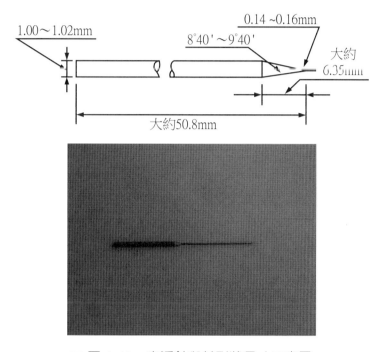

圖 4-10　穿透針與其形狀尺寸示意圖

4-9 瀝青材料溶解度試驗

(Test for Solubility of Bituminous Materials)

4-9-1 參考資料及規範依據

CNS 10092 瀝青物於三氯乙烯中溶解度試驗法。

ASTM D2042 Standard test method for solubility of asphalt materials in trichloroethylene。

AASHTO T44 Standard method of test for solubility of bituminous materials。

4-9-2 目的

採用三氯乙烯、苯、二硫化碳或四氯化碳等有機溶劑,溶解瀝青材料內所含有膠合劑之可溶物,再藉由使用古啟坩鍋與內含一薄層石棉墊之過濾設備,加以過濾瀝青試樣內之不溶物,最後,試驗量秤所殘留之礦物質與雜質等重量,用以計算獲得瀝青材料內所含之可溶物與不可溶物重量百分比,可提供判別瀝青種類之參考,同時,可作為擬定瀝青品質標準與等級之依據。

4-9-3 試驗儀器及使用材料

一、儀器:

1. 古啟坩鍋 (Gooch Crucible):如圖 4-11 所示為本試驗所採用過濾設備中之古啟坩鍋,其為一含頂蓋之圓錐狀瓷製容器,容量為 50～100 mℓ,頂端直徑為 44 mm,底端直徑則約為 36 mm,坩鍋之深度約 28 mm,此坩鍋之底部外表不上釉,其表面存有許多小孔。

2. 石棉纖維:石棉纖維之長度不得超過 1 公分,須經酸洗處理後方可使用於本試驗。

3.玻璃漏斗：頂端內直徑為 40～42 mm。

4.燒杯或錐形瓶：容量分別為 50 mℓ 及 125 mℓ 之燒杯或錐形瓶。

5.溶劑：工業級三氯乙烯、苯、二硫化碳或四氯化碳等。

6.抽氣設備：真空唧筒及其附屬設備。

7.乾燥器：用於乾燥經過濾後之不溶解物質。

8.天秤或電子秤：量稱重量之精度須能達 0.001 公克者。

9.玻璃吸濾瓶：長頸瓶口、厚瓶壁、附側管之一特殊玻璃製平底瓶，其容量為 250 mℓ 或 500 mℓ，需足以容納古啟坩鍋及其周圍橡皮管與橡膠栓，其側邊所附設之一導管，可用以連結抽氣設備。

10.橡皮管及耐溶劑橡膠栓：用以將古啟坩鍋固定於玻璃漏斗及玻璃吸濾瓶上，亦可利用一小塊車輪內胎取代之，以防止坩鍋與玻璃吸濾瓶口接觸部分之漏氣。

11.玻璃板：玻璃板大小需足以覆蓋燒杯或錐形瓶口。

12.蒸餾水。

二、材料：

具代表性之待測瀝青材料。

4–9–4 說明

一、瀝青材料包含屬碳氫化合物之膠合劑、礦物質與雜質等，由於所含有之礦物質與雜質等之百分比不同，瀝青材料之純度與品質亦將不同，所以，可藉由使用有機溶劑，量測瀝青材料中礦物質與雜質等不溶物之量，進而判別瀝青材料之等級與品質。

二、瀝青材料之溶解度試驗，乃採用三氯乙烯溶劑，溶解瀝青試樣中之活性膠結成分，然後，將殘留之瀝青試樣內不溶解物質，加以收集、清洗、乾燥與秤重，進而試驗量測瀝青試樣所含有不可溶物之重量百分比，同時，可獲得瀝青試樣之溶解度、純度與等級。

三、若使用其他有機溶劑，例如，二硫化碳、四氯化碳或苯等，可分別試驗
　　量測瀝青試樣內礦物質與雜質之含量，進而獲得瀝青試樣內之膠合劑量，
　　所以，瀝青材料溶解度試驗結果，可提供研判瀝青材料等級及擬定其品
　　質標準。

4-9-5　試驗步驟

一、古啟坩鍋與試樣之準備：

1. 若瀝青試樣含水量超過 2% 時，須先脫水方可使用，若瀝青試樣硬度
　　大且易碎，則須將其先敲碎後加熱至一適宜溫度，惟不可超過瀝青試
　　樣軟化點 111°C 以上，然後，於材料蒸發所需求之溫度下乾燥之。

2. 將石棉纖維浸泡於燒杯內之蒸餾水中，並經充分攪拌後，使其成為一
　　均勻分布之稀薄懸浮液。

3. 依圖 4-11 所示，將過濾設備安裝組合完成後，將少許石棉懸浮液，
　　倒入已擦拭乾淨之古啟坩鍋內，待其沉降形成堅固石棉墊，然後，將
　　更多石棉懸浮液，分次均勻地倒入古啟坩鍋內，使其漸成一薄層石棉
　　墊，操作過程中若有需要，可使用抽氣設備，將多餘水抽除之。

4. 此薄層石棉墊需經水清洗，以過濾石棉微粒，再將其放於烘箱中烘乾，
　　加熱至高溫約 600～650°C 後，置於乾燥器中冷卻 30 分鐘，此時，量
　　稱薄層石棉墊之重量，須達到 0.5±0.1 g，重複上述加熱、冷卻與量稱
　　之操作流程，直至薄層石棉墊之重量差異值小於 0.3 mg 時，即完成古
　　啟坩鍋之準備，量稱內含薄層石棉墊之古啟坩鍋重量，並記錄為 A 且
　　須精準至 1 mg。

5. 秤取瀝青試樣約 2 公克，先量稱瀝青試樣之重量，記錄為 B 且須精準
　　至 1 mg，將其倒入容量為 125 mℓ 之錐形瓶中，並將 100 mℓ 之三氯乙
　　烯溶劑倒入一燒杯內。

二、試驗方法與操作:

1. 將 100 mℓ 三氯乙烯溶劑持續倒入已含約 2 公克瀝青試樣之錐形瓶中,並施以充分攪拌,直至塊狀瀝青試樣完全消失為止,當瀝青試樣於錐形瓶中完全溶解後,所生成之瀝青懸浮液,須以玻璃板覆蓋之,且靜置 15 分鐘以上。

2. 將已含一薄層石棉墊之古啟坩鍋,放置於過濾玻璃漏斗之橡皮管上,先倒入少量三氯乙烯溶劑溼潤此薄層石棉墊。

3. 將錐形瓶內瀝青懸浮液,徐徐倒入古啟坩鍋內,經薄層石棉墊過濾後,直接流入玻璃吸濾瓶中,此倒入過程中,可使用抽氣設備,以加速過濾並抽除水分。

4. 全部瀝青懸浮液,經坩鍋內石棉墊過濾流入吸濾瓶後,錐形瓶內尚留存些許不溶物殘渣,可添加少量三氯乙烯溶劑沖洗之,然後,再將其全部倒入坩鍋過濾,直至錐形瓶內無任何瀝青懸浮液或不溶物黏附為止,此時,石棉墊過濾層上之濾液,通常已成為無顏色。

5. 開啟抽氣設備,抽除坩鍋內殘餘之三氯乙烯溶劑,然後,由玻璃漏斗之橡皮管取下坩鍋,使用三氯乙烯溶劑,清洗坩鍋底面所黏附之任何瀝青試樣,再將其放置於 110±5°C 烘箱內至少 20 分鐘,俾蒸散所有三氯乙烯溶劑。

6. 由烘箱中取出坩鍋,將其放置於乾燥器中,冷卻 30±5 分鐘後,量秤其重量,如此重複乾燥與稱重,直至坩鍋重之差異值小於 0.3 mg 為止,記錄為 C 且須精準至 1 mg。

7. 若有不溶解之瀝青試樣黏附於錐形瓶或燒杯中,則須將此錐形瓶或燒杯,放置於 110±10°C 烘箱內烘乾,再置入乾燥器中冷卻後,秤其重量,並將此部分不溶解物重量,與經坩鍋過濾所獲得之不溶解物重量相加,成為瀝青試樣之不溶物總重量。

4-9-6 計算公式

瀝青試樣內之不溶物重量百分比，可由式 4-9-1 計算獲得，至於瀝青試樣內之可溶物重量百分比，亦即瀝青試樣內之膠合劑量，則可由式 4-9-2 計算獲得：

$$瀝青試樣不溶物之重量百分比 (\%) = \frac{C-A}{B} \times 100 \tag{4-9-1}$$

$$瀝青試樣可溶物之重量百分比 (\%) = 100 - \frac{C-A}{B} \times 100$$

$$= \frac{B-C+A}{B} \times 100 \tag{4-9-2}$$

式中 A: 內含薄層石棉墊之坩鍋總重量 (g)。

　　　B: 瀝青試樣之重量 (g)。

　　　C: 不溶物及內含薄層石棉墊之坩鍋總重量 (g)。

4-9-7 注意事項

一、基於操作人員與試驗室之安全考量，本試驗法採用之溶劑為三氯乙烯，因此，僅適用於瀝青及乳化瀝青蒸餾試驗後，存在少量殘餘物或不含礦物質者，當針對焦油蒸餾殘留物及高度裂解石油產物之試樣，須使用二硫化碳、四氯化碳或苯等溶劑進行試驗之，惟仍須注意安全。

二、瀝青試樣須完全溶解於錐形瓶或燒杯中之三氯乙烯，不允許其黏附於錐形瓶或燒杯中任何部分，但由於三氯乙烯具毒性且較四氯化碳易燃，故進行試驗時，須使用良好之抽氣設備。

三、由錐形瓶或燒杯，將稀薄之瀝青懸浮液倒入坩鍋中，切勿使瀝青懸浮液滿溢坩鍋外，另外，於仲裁瀝青溶解度試驗過程中，錐形瓶或燒杯中之試樣，皆須放置於恆溫水槽中進行一小時水浴後，方可進行過濾與後續稱重。

四、當坩鍋中尚有瀝青懸浮液待進行過濾時，若欲使用抽氣設備，則須小心開啟控制抽氣設備，且應使用較低之抽氣強度。

五、若有不溶解之瀝青試樣黏附於錐形瓶或燒杯中，則須將此錐形瓶或燒杯，放置於 110±10°C 烘箱內烘乾，再置入乾燥器中冷卻後，量秤其重量，並將此部分之不溶解物重量，與經坩鍋過濾所獲得之不溶解物重量相加，成為瀝青試樣之不溶物總重量。

4-9-8 試驗成果報告範例

　　針對一待測瀝青試樣進行溶解度試驗，內含薄層石棉墊之坩鍋總重量 A，三次試驗結果分別為 40.973、40.968、40.971 g，所使用瀝青試樣之重量 B，三次量稱結果分別為 2.013、1.986、2.051 g，經溶解度試驗後，不溶物及內含薄層石棉墊之坩鍋總重量 C，三次試驗結果分別為 40.988、40.982、40.987 g。試驗室環境溫度為 23.5°C，相對溼度則為 76%，則此待測瀝青試樣之溶解度試驗成果報告如下所示。

瀝青材料溶解度試驗

試樣編號：　　××瀝青-01　　　　　　試驗室溫度：　　23.5°C
取樣日期：　102 年 10 月 20 日　　　相 對 溼 度：　　76%
試驗日期：　102 年 10 月 23 日　　　試　驗　者：　　×××

項目	試驗值		
	1	2	3
石棉墊與坩鍋之總重量 A (g)	40.973	40.968	40.971
瀝青試樣之重量 B (g)	2.013	1.986	2.051
不溶物、石棉墊與坩鍋之總重量 C (g)	40.988	40.982	40.987
瀝青試樣不溶物重量百分比 $= \dfrac{C-A}{B} \times 100$ (%)	0.75	0.70	0.78
瀝青試樣平均不溶物重量百分比 (%)	0.74		
瀝青試樣可溶物重量百分比 (%) $= 100 - \dfrac{C-A}{B} \times 100$ (%)	99.25	99.3	99.22
瀝青試樣平均可溶物重量百分比 (%)	99.26		

橡皮管

古啟坩鍋

玻璃漏斗

耐溶劑橡膠栓

玻璃吸濾瓶

▨ 圖 4-11　瀝青材料溶解度試驗之設備與裝置

4-10 瀝青材料熱損失試驗
(Test for Heat Loss of Bituminous Materials)

4-10-1 參考資料及規範依據

CNS 10093 油及瀝青化合物加熱減量試驗法。

ASTM D6 Standard test method for loss on heating of oil and asphaltic compounds。

4-10-2 目的

由於瀝青材料內含揮發性氣體或其他物質,當瀝青材料承受高溫作用時,因揮發性氣體或物質之蒸散, 使得瀝青材料之重量隨溫度升高而降低, 為試驗量測瀝青材料之熱損失特性, 將脫水瀝青試樣高溫加熱至 163°C,並持續加熱 5 小時後, 量測其熱損失百分率, 亦即因熱所造成損失之油量多寡, 可提供判別不同種類或等級瀝青材料之相對品質與耐久性。

4-10-3 試驗儀器及使用材料

一、儀器:

1.烘箱: 如圖 4-12 所示,可採用重力對流通風式或強制通風式,若依 ASTM 規範所規定者, 其溫度範圍介於 10°C～200°C 間, 內部尺寸大小為 48 cm×47 cm×48 cm, 外部尺寸大小為 61 cm×61 cm×94 cm, 可容納放置 6 個試樣容器, 當烘箱內達一均勻溫度時, 可保持溫度差值 ±0.9°C, 旋轉架之直徑為 39.37 公分。依 CNS 規範規定, 烘箱須為矩形, 烘箱內溫度最高可達 180°C, 其內部各方向尺寸不得小於 33 cm, 烘箱內應放置一圓形金屬旋轉架, 旋轉架直徑須大於 25 cm 以

上。烘箱內旋轉架，須放於接近烘箱中心垂直位置，於試驗過程中，保持旋轉且旋轉速度為每分鐘 5～6 轉。

2. 精密天平或電子秤：靈敏度須達 0.001 公克。

3. 溫度計：可量測溫度範圍為 155°C～170°C 間，最小刻度為 0.5°C。

4. 試樣皿：如圖 4-13 所示，乃由金屬或玻璃所製成之圓柱形平底容器，其內部直徑為 55 mm，深度 35 mm。

5. 瀝青熔融器：加熱瀝青試樣，使其具足夠流動性。

6. 刮刀。

7. 夾鉗。

8. 有機溶劑：用以清洗試樣容器。

9. 乾燥器。

二、材料：

具代表性之完全脫水瀝青材料試樣 50 公克。

4-10-4 說明

一、當瀝青材料處於較高溫度環境下，部分揮發性物質開始產生蒸散逸出，使得瀝青材料之重量隨溫度增高而減少，所減少之重量，乃因高溫熱所造成，因此，可稱之為熱損失或熱減量。

二、瀝青材料之熱損失，將隨瀝青材料之種類與等級，以及加熱溫度高低而改變，為判別瀝青種類與評估品質優劣，須選定於一特定溫度條件下，試驗量測瀝青材料之熱損失或熱減量，所以，本瀝青材料熱損失檢驗法，乃指瀝青材料於承受高溫 163°C 作用下之重量損失率。

三、瀝青材料之熱損失，主要係由於其內部所含有之揮發性氣體，或其他揮發性成分，承受高溫作用時產生揮發蒸散，使得瀝青材料原重量減少。但此處所謂瀝青材料之熱損失，並不包括其內部水蒸發所導致之重量損

失，故進行本試驗前，須先將瀝青試樣藉由適當方法加以脫水，或使用不含任何水分之瀝青試樣。

四、試驗原理：

瀝青試樣試驗前與試驗後之差值，乃是瀝青試樣於高溫作用下之熱損失重量，將此熱損失重量除以瀝青試樣試驗前重量，即為此瀝青試樣之熱損失重量百分率。

4–10–5　試驗步驟

一、使用瀝青熔融器加熱瀝青試樣，使其具足夠流動性，加熱過程須均勻攪拌，以確保其為一完全混合物，而且採用適當方法脫水，使其成為不含任何水分之試樣，量秤已擦拭乾淨之空試樣皿重量，記錄為 W_1。

二、秤取約 50 g 之瀝青試樣，倒入試樣皿內，待其冷卻至室溫後，量秤此瀝青試樣與試樣皿之初始總重量，須精準至 0.01 g，並記錄為 W_2。

三、啟動烘箱開關，持續加溫直至試驗爐箱內之溫度達 163°C 時，將試樣皿放置於烘箱內旋轉盤之邊緣凹槽處，然後，關閉烘箱之箱門，待溫度回升至 163°C 時，開始計時，使旋轉架旋轉 5 小時，烘箱內溫度須保持 163±1°C，試驗過程中旋轉架保持旋轉，且旋轉速度為每分鐘 5～6 轉。

四、試樣皿於 163°C 高溫下經 5 小時加熱後，於烘箱內之冷卻時間勿超出 15 分鐘，將其由烘箱內取出，待其於空氣中冷卻至室溫，量秤瀝青試樣與試樣皿之總重量，並記錄為 W_3，讀數精度須達 0.01 g。

五、針對同一瀝青材料，可以連續進行三個瀝青試樣之試驗量測，然後，由試驗結果計算其平均值。

4–10–6　計算公式

$$瀝青試樣之熱損失重量百分率 (\%) = \frac{(W_2 - W_1) - (W_3 - W_1)}{W_2 - W_1} \times 100$$

$$(4\text{–}10\text{–}1)$$

式中 W_1：空試樣皿之重量（公克）。

　　　W_2：熱損失試驗前，瀝青試樣與試樣皿之總重量（公克）。

　　　W_3：熱損失試驗後，瀝青試樣與試樣皿之總重量（公克）。

4–10–7　注意事項

一、進行熱損失試驗時，若發現試樣皿內之瀝青試樣呈現泡沫狀者，則此次試驗應予以放棄之，另行重新製作試樣與進行試驗量測。

二、溫度計之水銀球，宜使其距烘箱內之盤底 19 mm。

三、揮發性約略相同之瀝青試樣，可同時放置於旋轉架上進行試驗量測，但不同等級之瀝青試樣，因揮發性差異甚大，不可同時放置於同一烘箱內之旋轉架上，應分批個別試驗量測。

四、本試驗烘箱內之試樣皿，於高溫 $163 \pm 1°C$ 進行加熱五小時後，若不量測熱損失，即可直接進行加熱殘留物之特性試驗，例如，針入度試驗。若其餘試驗不能於同一天內完成時，則已加熱之殘留物試樣，須安置於室溫試驗室內，加以儲存過夜，切不可將其放入烘箱內預熱。

五、當瀝青試樣之熱損失重量百分率達 5% 時，其許可熱損失重量百分率誤差應校正至 0.5%，如果熱損失重量百分率達 5% 以上時，乃由於揮發損失所造成之重量減少，則每熱損失 0.5%，許可熱損失重量百分率誤差應校正至 0.01%，如表 4–8 所列。

◤ 表 4–8　許可熱損失重量百分率誤差

揮發損失 (%)	數值修正	真正揮發損失 (%)
5.0	± 0.50	4.51 to 5.50
5.5	± 0.51	4.99 to 6.01
6.0	± 0.52	5.48 to 6.52
10.0	± 0.60	9.40 to 10.60
15.0	± 0.70	14.30 to 15.70
25.0	± 0.90	24.10 to 25.90
40.0	± 1.20	38.80 to 41.20

4–10–8　試驗成果報告範例

針對一待測瀝青試樣進行熱損失試驗，空試樣皿之重量 W_1，三次試驗量稱結果，分別為 22.36、22.36、22.36 g，熱損失試驗前，瀝青試樣與試樣皿之總重量 W_2，三次量稱結果分別為 72.54、72.27、72.41 g，經熱損失試驗後，瀝青試樣與試樣皿之總重量 W_3，三次試驗結果分別為 68.78、68.63、68.72 g。試驗室環境溫度為 19.5°C，相對溼度則為 72%，則此待測瀝青試樣之熱損失試驗成果報告如下所示。

瀝青材料熱損失試驗

試樣編號：　__××瀝青-01__　　　　試驗室溫度：　__19.5°C__

取樣日期：　__102 年 11 月 8 日__　　相 對 溼 度：　__72%__

試驗日期：　__102 年 11 月 12 日__　試 　驗 　者：　__×××__

項目	試驗值		
	1	2	3
空試樣皿之重量 W_1 (g)	22.36	22.36	22.36
熱損失試驗前瀝青試樣與試樣皿之總重量 W_2 (g)	72.54	72.27	72.41
熱損失試驗後瀝青試樣與試樣皿之總重量 W_3 (g)	68.78	68.63	68.72
瀝青試樣之熱損失重量百分率 $= \dfrac{(W_2 - W_1) - (W_3 - W_1)}{W_2 - W_1} \times 100$ (%)	7.49	7.28	7.37
瀝青試樣平均熱損失重量百分率 (%)	7.38		

◥ 圖 4–12　瀝青材料試驗用烘箱

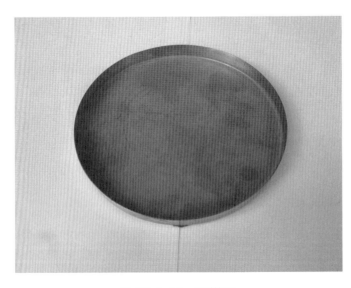

◥ 圖 4–13　試樣皿

第五章　磚

　　磚製品之製作方式，乃是將黏土及其他添加材料，先分別加以粉碎，然後，經由混拌、製胚、乾燥與高溫燒成等步驟所製成，由於不同黏土化學成分與含量、添加物種類與劑量、溫度製程條件與表面塗料等因素，皆將影響所製成磚製品之微結構、物理與力學性質等，進而提供不同之工程應用途徑，因此，為判別磚製品之種類與等級，必須對所採用之磚製品，藉由適宜取樣方法獲得足夠之代表性磚試樣，再進行相關物理與力學性質之檢驗量測。由於磚製品屬於陶瓷類材料，其微結構中存在彼此連通之孔隙，且數量眾多，導致其吸水性高，而且抗壓強度遠高於抗拉強度，因此，磚製品依形狀可區分為實心磚與開孔磚，如圖 5-1 所示，磚製品於土木建築工程之主要應用，包括透水磚、鋪面磚、地磚或隔間磚等，主要承受滲透水、壓應力或彎矩力等作用，所以，為檢驗磚製品之等級與耐久性，常見磚製品之試驗，包括磚之抗彎強度試驗、磚之抗壓強度試驗與磚之吸水率試驗，藉由試驗量測結果，可將磚製品依其品質，區分為 1 種磚、2 種磚、3 種磚等三大類。

5-1 磚之取樣法 (Method of Sampling for Brick)

5-1-1 參考資料及規範依據

CNS 382 普通磚。

CNS 1127 建築用普通磚檢驗法。

ASTM C67 Standard test methods for sampling and testing brick and structural clay tile。

5-1-2 試樣之選定

為進行磚製品之吸水率、抗彎強度與抗壓強度等相關品質檢驗，欲購買磚製品者或其法定授權代理者，應選取全尺寸之磚製品試樣，所取樣獲得磚試樣之物理與力學性質，應能具體代表所選購整批磚製品之特性，同時，所取樣之磚試樣數量，應涵蓋能代表整批磚製品中，不同外觀顏色、材料品質、形狀尺寸等全部可能範圍之所有磚試樣，以避免不當取樣所造成之試驗結果誤差。普通磚之長度寬度厚度及其尺寸許可差，如表 5-1 所列，所取樣之每一普通磚試樣，皆應符合表 5-1 中所列尺度與許可差。

表 5-1　普通磚之長寬厚尺度與其許可差

單位：mm

	長度	寬度	厚度
尺度	200	95	53
許可差	±6.0	±4.0	±2.7

5-1-3 試樣數目

取樣須達足夠之磚試樣數目，以提供進行後續抗壓強度、抗彎強度、吸水率、耐凍融等試驗項目，所需試驗量測之試體數總量，因此，若於每整批

共計 25000 塊磚製品中，或由每一批磚製品之分割部分中取樣，皆應至少選取 10 塊磚試樣，以供上述各試驗量測所使用。對於每整批多於 25000 塊以上之磚製品時，可由此整批磚製品中之 25000 塊，先取樣 10 塊磚試樣，然後，超過 25000 塊之多餘超量部分，每超量 50000 塊或每一多餘分割部分中，再選取額外 5 塊磚試樣。因此，無論所欲選用或整批製作之磚製品總數多寡，所需取樣之最少磚數目為 10 塊磚試樣，惟若欲購買者指示或買賣雙方共同協議下，亦可額外增加取樣之磚試樣數目。

5–1–4　試樣標示之規定

由每一批次磚製品中所取樣之磚試樣，為避免與其他批次，或不同分割部分之磚試樣混雜不清，造成試驗結果無法正確代表所欲使用磚製品之特性，因此，每一磚試樣，皆應於其表面加註符號標示之，以易於辨識或隨時驗證，此符號標示於磚試體表面之涵蓋範圍，最多不超過磚試體表面積百分之五。

5–1–5　注意事項

一、所取樣之磚試樣，應將其分層裝入一木箱內，且每一層間及各層與箱壁之接觸周圍，可使用稻草或其他吸能材料，填充於其間隙之空間，以避免磚試樣於運送途中，因承受運輸振動或衝擊，導致其外觀破損或微結構開裂，皆將影響磚試樣試驗量測結果之正確性。

二、依 CNS 1127 規定進行普通磚取樣時，每 10000 塊普通磚選取 10 個普通磚試樣，每次增加 10000 塊，則額外取樣 1 塊普通磚試樣，當所增加普通磚數量餘額不足 10000 塊者，視同增加 10000 塊，再額外取樣 1 塊普通磚試樣。

三、若依 CNS 2221 規範之規定，進行建築用矽灰磚取樣時，每 30000 塊矽灰磚選取 15 個磚試樣，當所增加矽灰磚數量不足 30000 塊時，以增加

30000 塊計算，再額外取樣 15 塊磚試樣。每 15 塊矽灰磚試樣中，除全數進行外觀檢視與尺寸量測外，其中 10 塊磚試樣用於抗壓強度試驗，3 塊用於吸水率試驗，另 2 塊則用於其他試驗或留存覆驗。

▨ 圖 5–1　磚製品可區分為實心磚與開孔磚

5-2 磚之抗彎強度試驗
(Test for Flexural Strength of Brick)

5-2-1 參考資料及規範依據

CNS 382 普通磚。

ASTM C67 Standard test methods for sampling and testing brick and structural clay tile。

AASHTO T32 Standard method of test for sampling and testing brick。

5-2-2 目的

不同黏土量、添加物量與燒製條件等，皆將影響磚製品之微結構、物理與力學性質，由於通常磚製品內部之孔隙率高，導致其抗壓強度大於抗拉強度，因此，一般磚製品常應用於承壓之地磚或鋪面磚，但由於載重條件或磚鋪設形式並非對稱，易使磚承受偏心荷重作用，甚至發生撓曲斷裂破壞，因此，藉由試驗量測普通磚之抗彎強度，俾據以評定磚之品質，以及抵抗震動或偏心荷重之能力。

5-2-3 試驗儀器及使用材料

一、儀器：

1. 萬能試驗機及其附件：如圖 5-2 所示，係為一萬能試驗機與三點抗彎試驗設備。

2. 直尺：金屬直尺或量尺，用以量測磚試樣之長寬高尺寸，以及抗彎試驗時磚試樣之跨度，其精準度須至 0.5 mm。

二、材料：

取樣具代表性之待測乾燥磚試樣至少 3 塊。

5–2–4　說明

一、普通磚為一具高孔隙率之脆性營建材料，由於外載拉應力作用時，普通磚內部孔隙或裂縫，極易產生擴展斷裂，使其抗拉強度極低，導致甚少應用為土木建築之抗拉構件，因此，通常並未進行普通磚之抗拉試驗。

二、普通磚應用於道路鋪面磚或面磚時，主要承受外載壓荷重作用，但若壓荷重不對稱，產生偏心荷重時，例如，振動、地震或基礎流失時，普通磚將承受一撓曲力之作用，最後，可能因所承受撓曲應力超過其抗彎強度，產生斷裂脆性破壞，所以，為檢驗不同等級普通磚之抗彎能力，必須試驗量測其抗彎強度。

三、普通磚於三點抗彎試驗過程中，其頂部主要承受壓應力作用，底部則主要承受拉應力作用，底部表面與斷面中性軸之距離最遠，所承受之拉應力最大，當底部表面所承受之最大拉應力，超過一臨界值時，普通磚發生脆性開裂破壞，此臨界值即為此普通磚之抗彎強度，亦可稱之為破裂模數（Modulus of Rupture，簡稱 MOR）。

四、進行三點抗彎試驗時，普通磚底部表面雖發生拉力破壞，但所試驗量測獲得之抗彎強度，並不等同於普通磚之抗拉強度，一般發現抗彎強度大於抗拉強度，此乃因抗拉試驗時，普通磚斷面中任一位置，皆承受相同之拉應力作用，但三點抗彎試驗時，僅斷面底部表面承受最大拉應力作用，其他位置之拉應力較小，甚至斷面頂部卻承受壓應力作用，所以，普通磚抗彎強度高於其抗拉強度。

5–2–5　試驗步驟

一、以直尺量測各個普通磚試樣寬度與厚度之平均尺寸，並分別記錄為 b (cm) 與 d (cm)，其精準度須至 0.5 mm。

二、將普通磚試樣放置於萬能試驗機中兩側之兩支點上，由於抗彎試驗所使用普通磚之厚度約為 50 cm，因此，調整萬能試驗機中附件設備兩支點之距離，使得普通磚之跨度小於其長度，但不得低於 15 公分，以直尺量測普通磚試樣之跨度，其讀數精準度須至 0.5 mm，並將其記錄為 ℓ (cm)。

三、將普通磚約 100 mm×200 mm 之面作為頂部承壓面，調整萬能試驗機之上施壓塊位置，使其下端圓柱體鐵棒中心，位於普通磚試樣頂面跨度中央處，且與普通磚承壓面表面幾乎接觸。

四、啟動萬能試驗機荷重元 (Load cell) 開關，持續施加一集中壓荷重，作用於普通磚試樣之跨度中央處，壓荷重施力方向，須與普通磚試樣承壓表面相互垂直，所施加集中壓荷重速度，不得超過每分鐘 918 公斤。

五、依上述壓荷重加載速度，持續施加於普通磚試樣，直至普通磚試樣產生斷裂破壞為止，讀取普通磚試樣於產生斷裂破壞時所能承受之最大壓荷重，並記錄為 P (kgf)。

5–2–6　計算公式

藉由試驗前所量測磚試樣之寬度、厚度與跨度，以及試驗量測所獲得之最大壓荷重，再依下式（式 5–2–1）計算獲得磚試樣之抗彎強度。

$$F = \frac{3P\ell}{2\ bd^2} \tag{5-2-1}$$

式中 F：磚試樣之抗彎強度 (kgf / cm^2)。

ℓ：抗彎試驗中磚試樣於兩支點間之跨度 (cm)。

b：磚試樣之平均寬度 (cm)。

d：磚試樣之平均厚度 (cm)。

P：磚試樣於產生斷裂破壞時所能承受之最大壓荷重 (kgf)。

5–2–7　注意事項

一、本試驗法適用於主要由黏土所燒製成之磚製品，應用於土木、建築、造園景觀等之普通磚，但為配合政府推廣節能減碳政策，鼓勵使用水庫淤泥、飛灰、石材廢料、廢玻璃與營建剩餘土等廢棄物，再生利用所製成之磚製品，仍適宜使用本試驗法，試驗量測其品質與等級。

二、磚試樣外觀不得存在使用上有害之龜裂或損傷，但若磚試樣磚面具有些許凹陷或輕微裂痕等現象，並不會造成嚴重使用後果，則進行此磚試樣之抗彎試驗時，將其具有輕微缺陷之磚面，放置於萬能試驗機中之頂部壓縮面，以減少試驗結果之誤差。

三、本試驗所使用普通磚試樣，須採用整塊普通磚加以試驗之，不得經過特別處理或切割加工。

四、一般普通磚之抗彎強度較低，約為 $35\sim70$ kgf／cm^2，道路鋪面磚則須較高之抗彎強度，一般約為 $105\sim175$ kgf／cm^2。

5–2–8　試驗成果報告範例

　　針對三個普通磚試樣進行抗彎強度試驗，先以直尺量測各普通磚試樣之平均寬度 b，三次量測結果分別為 9.45、9.55、9.50 cm，再量測普通磚試樣之平均厚度 d，三次量測結果分別為 5.25、5.35、5.30 cm，三點抗彎試驗過程中普通磚試樣之撓曲試驗跨度 ℓ 皆為 18.5 cm，經三點抗彎強度試驗量測後，普通磚試樣產生斷裂破壞時所能承受之最大壓荷重 P，三次試驗結果分別為 325、357、348 kgf。試驗室環境溫度為 21.3°C，相對溼度則為 87%，則此待測普通磚試樣之抗彎強度試驗成果報告如下所示。

磚之抗彎強度試驗

試樣編號：　　普通磚-12-13　　　　　試驗室溫度：　　21.3°C

取樣日期：　102 年 11 月 12 日　　　相 對 溼 度：　　　87%

試驗日期：　102 年 11 月 15 日　　　試 　驗 　者：　　×××

項目	試驗值		
	1	2	3
普通磚試樣之平均寬度 b (cm)	9.45	9.55	9.50
普通磚試樣之平均厚度 d (cm)	5.25	5.35	5.30
普通磚試樣之跨度 ℓ (cm)	18.5	18.5	18.5
普通磚試樣產生斷裂破壞時所能承受之最大壓荷重 P (kgf)	325	357	348
普通磚試樣之抗彎強度 $F = \dfrac{3P\ell}{2bd^2}$ (kgf / cm²)	34.6	36.2	36.2
普通磚試樣平均抗彎強度 (kgf / cm²)	35.7		

■ 圖 5–2　萬能試驗機與三點抗彎試驗設備

5-3 磚之抗壓強度試驗
(Test for Compressive Strength of Brick)

5-3-1 參考資料及規範依據

CNS 382 普通磚。

ASTM C67 Standard test methods for sampling and testing brick and structural clay tile。

AASHTO T32 Standard method of test for sampling and testing brick。

5-3-2 目的

主要由黏土所製成之普通磚，由於製造與燒成過程中生成多孔隙之微結構，使得普通磚抗壓強度遠大於其抗拉強度，所以，通常普通磚應用於承載壓力之組合構件，例如，磚牆或道路鋪面，此類普通磚須符合工程設計上，不同應用途徑所需不同等級之抗壓強度標準，因此，藉由試驗量測磚之抗壓強度，可據以判定普通磚之品質及等級，進而提供選用不同種類與等級普通磚製品之依據。

5-3-3 試驗儀器及使用材料

一、儀器：

1. 萬能油壓試驗機及其抗壓附件：如圖 3-4 所示，包括萬能油壓試驗機，施壓塊與承壓塊等，用以試驗量測普通磚之抗壓強度。

2. 恆溫恆溼櫃。

3. 直尺：可使用金屬製直尺或量尺，以量測磚試樣之長度、寬度與高度，其精準度須至 0.5 mm。

4.切割機：如圖 5–3 所示，用以將每一普通磚沿長度方向垂直切割一半，成為兩個承壓面約為 100 mm × 95 mm 之普通磚抗壓試體。

二、材料：

1.選取 3 個具代表性之待測普通磚試樣。

2.水泥漿：用以塗抹於普通磚試體之上下承壓面。

5–3–4　說明

一、試驗之原理：使用萬能油壓試驗機，進行普通磚試樣之抗壓強度試驗，量測獲得普通磚試樣，於發生壓碎破壞時所能承受之最大壓荷重，再將其除以普通磚試樣之承壓斷面積，即可計算求得普通磚試樣之抗壓強度。

二、針對相同黏土原料與燒成條件所製成之磚製品，其抗壓強度與試體大小及加載速度有關，所以，抗壓試體之長度、寬度與厚度，皆將影響抗壓強度之高低，因此，所選用之普通磚抗壓試體，乃採用將普通磚沿長度方向切割一半成兩個抗壓試體，亦即普通磚抗壓試體之承壓面約為 100 mm × 95 mm，且其高度為 53 mm。

三、依中國國家標準 CNS 382 磚之品質規定，依據抗壓強度高低，可將普通磚區分為三類，包括 1 種磚、2 種磚與 3 種磚，其中，1 種磚之抗壓強度須達到 300 kgf / cm^2 以上，2 種磚之抗壓強度須大於 200 kgf / cm^2，至於 3 種磚之抗壓強度則須符合 150 kgf / cm^2 以上。

5–3–5　試驗步驟

一、試樣之準備：

1.選取至少三個普通磚試樣，利用圖 5–3 所示之切割機，將每一普通磚試樣沿其長度方向之中點，亦即約於 100 mm 處，將其平分切斷成兩半之普通磚抗壓試體，此普通磚抗壓試體之承壓面約為 100 mm × 95 mm。

　2.於每一普通磚抗壓試體之上下兩承壓面，各塗抹一薄層水泥漿，上下承壓面上所塗抹之水泥漿薄層表面，必須平整且相互平行。

　3.將此已塗抹水泥漿薄層之普通磚試體，放置於一恆溫恆溼櫃內，進行溼治養護 7 天。

二、試驗方法:

　1.將已溼治養護 7 天之普通磚試體，由恆溫恆溼櫃中取出，於室溫下乾燥之，再量測普通磚試體上下兩承壓面之兩邊長，進而計算獲得普通磚試體之平均承壓斷面積 A (cm^2)，其中，量測普通磚抗壓試體承壓面之兩邊長，須精準至 0.5 mm 以上。

　2.將普通磚抗壓試體放置於萬能油壓試驗機底部承壓塊上，並調整頂部施壓塊位置，使其與抗壓試體表面非常接近，為使抗壓試體承壓面能均勻受壓，於試體上下承壓面與施壓塊及承壓塊間之空隙，分別插入一薄紙片，以均勻傳遞壓應力至試體承壓面上，如圖 5-4 所示，乃普通磚抗壓試驗相關配置方式之示意圖。

　3.啟動萬能油壓機開關，使其施壓塊接觸普通磚試體承壓面上之紙片，並調整油壓機之加載速度，設定加載速度為每分鐘約 5～10 kgf／cm^2，以進行普通磚試體之抗壓強度試驗。

　4.使用固定加載速度持續加壓之，直至普通磚試體產生壓碎破壞時才停止，讀取普通磚試體於產生壓碎破壞時所能承受之最大壓荷重，並記錄為 W (kgf)，進而計算求得此普通磚試樣之抗壓強度 C (kgf／cm^2)。

5–3–6　計算公式

藉由試驗前量測磚試樣之承壓斷面積，以及試驗量測所獲得之最大壓荷重，可依下式（式 5–3–1）計算獲得磚試樣之抗壓強度。

$$C = \frac{W}{A} \tag{5–3–1}$$

式中 C：普通磚試樣之抗壓強度 (kgf / cm^2)。

W：普通磚抗壓試體於產生壓碎破壞時所能承受之最大壓荷重 (kgf)。

A：普通磚抗壓試體承壓面之斷面積 (cm^2)。

5–3–7　注意事項

一、普通磚抗壓強度試驗結果，採用各普通磚試樣抗壓強度之平均值表示之，應有普通磚試樣總數 90% 以上，符合工程設計上所需達到抗壓強度之標準，整批普通磚試樣方可視為合格。

二、當進行開孔磚之抗壓試驗時，所謂承壓面之斷面積，乃包含開孔部分之總受壓面積，亦即將開孔磚試體之承壓面斷面積，仍視為約 100 mm × 95 mm，不論每一磚試體中開孔數量與孔隙體積之多寡。

三、由於加載速度將影響試驗量測所得之抗壓強度，因此，進行普通磚試體抗壓強度試驗時，宜避免萬能油壓試驗機之加載速度太急速或太緩慢。

5–3–8　試驗成果報告範例

　　針對三個普通磚試體進行抗壓強度試驗，先以直尺量測各普通磚試體之平均承壓斷面積 A，三次量測結果分別為 9.45 cm×10.15 cm、9.55 cm×10.20 cm、9.50 cm×9.95 cm，經抗壓強度試驗量測後，普通磚試體產生壓碎破壞時所能承受之最大壓荷重 W，三次試驗結果分別為 32567、30782、31936 kgf。試驗室環境溫度為 18.5°C，相對溼度則為 73%，則此待測普通磚試樣之抗壓強度試驗成果報告如下所示。

磚之抗壓強度試驗

試樣編號：　　普通磚-12-13　　　　　試驗室溫度：　　　18.5°C
取樣日期：　102 年 11 月 11 日　　　相 對 溼 度：　　　73%
試驗日期：　102 年 11 月 19 日　　　試　驗　者：　　　×××

項目	試驗值		
	1	2	3
普通磚試體承壓面之平均斷面積 A (cm^2)	9.45×10.15	9.55×10.20	9.50×9.95
普通磚試體於產生壓碎破壞時所能承受之最大壓荷重 W (kgf)	32567	30782	31936
普通磚試體之抗壓強度 $C = \dfrac{W}{A}$ (kgf / cm^2)	339.5	316.0	337.9
普通磚試樣平均抗壓強度 (kgf / cm^2)	331.1		

▨ 圖 5-3　普通磚試體所使用之切割機

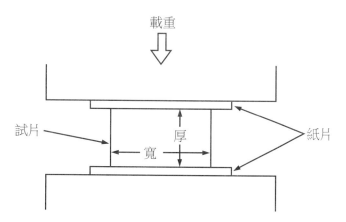

▨ 圖 5-4　普通磚抗壓強度試驗之示意圖

5–4 磚之比重與吸水率試驗 (Test for Specific Gravity and Absorption of Brick)

5–4–1 參考資料及規範依據

CNS 382 普通磚。

ASTM C55 Standard specification for concrete building brick。

ASTM C67 Standard test methods for sampling and testing brick and structural clay tile。

AASHTO T32 Standard method of test for sampling and testing brick。

5–4–2 目的

　　磚製品主要由黏土質原料經高溫煆燒所製成,其微結構內存在高量孔隙,因此,不同原料配比與高溫煆燒條件所製成之磚製品,其內部孔隙分布與所佔體積百分比皆可能不同,導致孔隙相關之物理性質亦將不同,所以,藉由試驗量測磚製品之基本物理性質,包括比重與吸水率,試驗結果可作為判定磚製品之種類與品質,同時,亦可提供建立不同等級磚製品之選用標準。

5–4–3 試驗儀器及使用材料

一、儀器:

　　1.烘箱:可保持溫度 110±5°C 之恆溫烘箱,用以乾燥普通磚試樣。

　　2.恆溫水槽:可保持固定水溫之水浴水槽。

　　3.乾燥器:如圖 2–6 所示,乃將普通磚試樣烘乾所需使用之乾燥設備。

　　4.精密天平或電子秤:用以量秤普通磚試樣於空氣中與水中之重量,精

準度須達 0.5 公克以上。

　　5.溼布。

二、材料:

　　1.選取具代表性之待測普通磚試樣至少 3 個。

　　2.依 ASTM 規定,可採用於普通磚抗彎強度試驗時,使用切割機沿普通磚長度方向垂直切割一半,成為斷面積約為 100 mm×95 mm 之普通磚試體,本試驗需至少 3 個普通磚試體。

5–4–4 說明

一、磚製品外觀表面存在些許孔洞,其與微結構內之部分孔隙彼此連通,當磚製品浸沒於水中時,藉由表面孔洞直接提供吸水管道,此等連通孔隙將漸次吸水,直至達成一穩定吸水量之飽和狀態,所以,不同等級之磚製品,因其連通孔隙之數量不同,導致其吸水率亦將不同。

二、若磚製品內部之連通孔隙數量不同,則其達到飽和狀態時,所需吸收之水量將不同,因此,當考慮相同體積但不同等級之磚製品,試驗量測其於面乾內飽和狀態下之比重時,因微結構內連通孔隙數量不同,達到面乾內飽和狀態所吸收之水總重將不同,導致其於水中所排開同體積之水重不同,則試驗量測其於面乾內飽和狀態下之比重亦將不同。

三、依 CNS 382 建築用普通磚規範之品質規定,根據吸水率之高低,可將普通磚區分為三類,包括 1 種磚、2 種磚與 3 種磚,其中,3 種磚之吸水率標準只須符合 15% 以下即可,2 種磚之吸水率須滿足 13% 以下之標準,至於 1 種磚之吸水率則必須小於 10%。

四、依 ASTM C62 建築用普通磚規範之規定,SW 級普通磚經煮沸 5 小時後,其最大吸水率須 20.0% 以下,MW 級者則僅須 25.0% 以下,至於 NW 級者則無任何限制,所以,一般而言,SW 級普通磚適用於高抗凍與潮溼

冰凍面以下者，MW 級普通磚可應用於中度抗凍者，不需考慮抗凍者，則選用 NW 級普通磚。

5-4-5 試驗步驟

一、將每一普通磚試樣放置於一恆溫烘箱內烘乾之，烘箱內須保持溫度為 $110\pm5°C$。

二、普通磚試樣經 24 小時以上之烘乾，或經持續烘乾直至恆重為止，由烘箱內取出普通磚試樣，待其於空氣中冷卻約 3~4 小時至室溫後，使用精密天平或電子秤，量秤乾燥狀態普通磚試樣於空氣中之重量，讀數須精準至 0.5 g 以上，並記錄為 W_1。

三、然後，將上述已烘乾之普通磚試樣，完全浸泡於水溫保持 $20\pm5°C$ 之水浴水槽內，經 24 小時以上之水浴後取出，立即量稱經吸水後普通磚試樣於水中之重量，讀數須精準至 0.5 g 以上，並記錄為 W_2。

四、立刻使用溼布擦乾普通磚試體表面之水分，由取出試體算起五分鐘內，量秤經吸水後普通磚試樣於空氣中之重量，並記錄為 W_3。

五、將上述經吸水與表面拭淨後之普通磚試樣，再放置於恆溫水槽內，將水槽加熱，使其水溫於 1 小時內達到沸點，並持續煮沸 5 小時才停止加熱，待其自然冷卻約經 6~8 小時後，水槽內水溫已下降至 15°C~30°C 之常溫。

六、自水槽中取出普通磚試樣，再使用溼布擦淨其表面，並於取出試樣 5 分鐘內，量稱此時面乾內飽和狀態普通磚試樣於空氣中之重量，並記錄為 W_4。

5–4–6　計算公式

一、浸水 24 小時吸水率 (%) $= \dfrac{W_3 - W_1}{W_1} \times 100$ 　　　　　　　(5–4–1)

二、煮沸 5 小時吸水率 (%) $= \dfrac{W_4 - W_1}{W_1} \times 100$ 　　　　　　　(5–4–2)

三、飽和係數 $= \dfrac{W_3 - W_1}{W_4 - W_1}$ 　　　　　　　　　　　　(5–4–3)

四、普通磚試樣之乾燥狀態比重 $= \dfrac{W_1}{W_3 - W_2}$ 　　　　　　(5–4–4)

五、普通磚試樣之面乾內飽和狀態比重 $= \dfrac{W_3}{W_3 - W_2}$ 　　　(5–4–5)

六、普通磚試樣之視比重 $= \dfrac{W_1}{W_1 - W_2}$ 　　　　　　　　(5–4–6)

式中 W_1：乾燥狀態普通磚試樣於空氣中之重量。

　　　W_2：經吸水後普通磚試樣於水中之重量。

　　　W_3：經吸水後普通磚試樣於空氣中之重量。

　　　W_4：面乾內飽和狀態普通磚試樣於空氣中之重量。

5–4–7　注意事項

一、若普通磚試樣直接由窯爐內取出，則可省略放置於烘箱內之乾燥過程，待其冷卻至室溫，即可量稱其乾燥狀態之重量。

二、藉由試驗量測獲得普通磚之吸水率，由吸水率之高低，可判別普通磚之堅硬情況與耐久性，因質地堅硬之普通磚，通常其內部微結構孔隙量少且組織較緻密，不易讓外界滲水進入微結構孔隙內，故其吸水率亦較小。

三、將普通磚試樣放置入水溫保持 $20 \pm 5°C$ 之恆溫水槽內，宜注意勿使普通磚試體彼此重疊，阻礙試體之冷卻水流路徑，應使每一普通磚試體均可接觸冷卻水流。

5–4–8 試驗成果報告範例

進行普通磚比重與吸水率試驗三次，每次乾燥狀態普通磚試樣於空氣中之重量 W_1，分別為 898、895、888 g，經吸水後普通磚試樣於水中之重量 W_2，分別為 493、492、490 g，經吸水後普通磚試樣於空氣中之重量 W_3，則分別為 987、984、981 g，面乾內飽和狀態普通磚試樣於空氣中之重量 W_4，則分別為 989、987、983 g。試驗室溫度為 18.5°C 且相對溼度為 77%，則此普通磚比重與吸水率試驗成果報告如下。

磚之比重與吸水率試驗

試樣編號：　　普通磚-11-13　　　　　試驗室溫度：　　　18.5°C

取樣日期：　102 年 11 月 18 日　　　相 對 溼 度：　　　77%

試驗日期：　102 年 11 月 25 日　　　試　驗　者：　　　×××

項目	試驗值		
	1	2	3
乾燥狀態普通磚試樣於空氣中之重量 W_1 (g)	898	895	888
經吸水後普通磚試樣於水中之重量 W_2 (g)	493	492	490
經吸水後普通磚試樣於空氣中之重量 W_3 (g)	987	984	981
面乾內飽和狀態普通磚試樣於空氣中之重量 W_4 (g)	989	987	983
浸水 24 小時吸水率 $= \dfrac{W_3 - W_1}{W_1} \times 100$ (%)	9.91	9.94	10.47
煮沸 5 小時吸水率 $= \dfrac{W_4 - W_1}{W_1} \times 100$ (%)	10.13	10.28	10.70
飽和係數 $= \dfrac{W_3 - W_1}{W_4 - W_1}$	0.98	0.97	0.98
普通磚試樣之乾燥狀態比重 $= \dfrac{W_1}{W_3 - W_2}$	1.82	1.82	1.81
普通磚試樣之面乾內飽和狀態比重 $= \dfrac{W_3}{W_3 - W_2}$	2.00	2.00	2.00
普通磚試樣之視比重 $= \dfrac{W_1}{W_1 - W_2}$	2.22	2.22	2.23

第六章　鋼　筋

　　碳鋼之微結構隨含碳量多寡、熱處理方式與機械加工製程不同而改變，進而影響其物理與力學性質，例如，碳鋼之比重、熱傳導係數、熱膨脹係數、延伸率、破裂韌性與衝擊能量等，皆隨碳含量增加而減少，至於比熱、電抵抗力、降伏強度、抗拉強度與硬度等，卻隨碳含量增加而增大。另外，常見之熱處理方式，包括退火、正常化、淬火及回火等，主要機械加工製程為煅造、軋延、擠製、拉製與壓製等，對含碳量小於 0.5% 之碳鋼相關物理與力學性質影響不大，但對含碳量高於 0.5% 之碳鋼者，經不同熱處理與機械加工製程後之碳鋼，彼此間微結構、物理與力學等性質可能差異甚大，所以，具有相同含碳量與化學成分之碳鋼，可能因熱處理方式或機械加工製程不同，導致其微結構、物理與力學性質皆不同且離散性大。土木建築工程中所常使用之碳鋼，包括鋼結構之鋼板與型鋼，以及鋼筋混凝土中作為加強材之光面或竹節鋼筋，為確保所使用鋼鐵材料，符合工程設計上之要求與標準，必須對鋼板與竹節鋼筋等進行相關檢驗，主要包括外觀尺寸與力學性質等量測，例如，竹節鋼筋尺寸、質量、斷面積、拉伸試驗與彎曲試驗等檢驗項目，以驗證不同鋼鐵材料物理與力學性質之優劣。

6-1 竹節鋼筋拉伸試驗
(Test for Tension of Steel Bars for Concrete Reinforcement)

6-1-1 參考資料及規範依據

CNS 560 鋼筋混凝土用鋼筋。

CNS 2111 金屬材料拉伸試驗法。

CNS 2112 金屬材料拉伸試驗試片。

ASTM E8 Standard test methods for tension testing of metallic materials。

6-1-2 目的

針對土木建築所使用之光面、竹節鋼筋 (Steel bar) 或鋼板等，其微結構及物理與力學等材料特性，主要受到化學成分、熱處理方式與機械加工製程等所影響，另外，光面、竹節鋼筋與鋼板於結構物中，主要承受拉力作用，因此，不同種類與等級之鋼鐵材料，必須藉由拉伸試驗量測其相關力學材質，加以檢驗是否符合設計標準。鋼鐵材料之拉伸試驗，乃使用具特定規格之拉伸試樣，放置於萬能試驗機中，藉由持續施加拉應力，直至拉伸試樣產生拉力斷裂破壞為止，同時，試驗量測獲得此拉伸試樣之應力應變曲線圖形，由曲線中之不同階段變化特徵，可計算求得拉伸試樣之彈性模數、降伏強度、抗拉強度與延伸率等重要力學性質，除提供判別所使用鋼鐵材料之品質、等級與安全標準外，亦可作為鋼結構與鋼筋混凝土彈性或塑性設計之參考與依據。

6-1-3　試驗儀器及使用材料

一、儀器：

1. 油壓式萬能試驗機 (Universal tester)：油壓式萬能試驗機之種類與型式眾多，如圖 6-1 所示，係用於竹節鋼筋拉伸試驗之萬能試驗機，其標準附屬配件夾具、墊片與承壓塊，另外，包括拉伸、抗壓、抗撓、彎曲等試驗所須相關量測配置設備。

2. 夾具及墊片：為萬能試驗機之附屬裝置配件，用以夾緊竹節鋼筋或鋼板試樣，以利進行拉伸試驗量測。通常油壓式萬能試驗機配備多種不同型態之夾具與墊片，可依不同形狀尺寸之竹節鋼筋或鋼板試樣，挑選適宜之夾具與墊片以緊密夾持試樣，同時，應避免產生夾具與試樣接觸表面摩擦滑動或應力集中等現象。

3. 伸長計或應變計：用以量測竹節鋼筋或鋼板試樣之伸長變位或應變量。

4. V 形工作臺。

5. 數位式游標卡尺。

6. 切割機：用以切平竹節鋼筋試樣兩端點。

7. 天秤或電子秤。

8. 量角器。

9. 標點器、打點針、奇異筆等工具：用以註記標明竹節鋼筋或鋼板試樣平行部上之各標點。

二、材料：

1. 同一形狀尺寸之 D10 竹節鋼筋，每 25 噸重量取樣長度 1 m 之竹節鋼筋試樣一支，D13 與 D16 之竹節鋼筋，每 30 噸取樣長度 1 m 竹節鋼筋試樣一支，至於 D19 以上之竹節鋼筋，則每 40 噸取樣長度 1 m 竹

節鋼筋試樣一支，每一支竹節鋼筋試樣，皆僅能施作拉伸試驗一次。

2. 若使用鋼板試樣，則須另行加工製作適宜之抗拉試片，鋼鐵材料試片之形狀與尺度，可依據中國國家標準 CNS 2112 規定，用於拉伸試驗之鋼鐵材料試片，依材料性質、形狀與尺寸之規格，區分為 14 種不同鋼鐵材料拉伸試驗試片，依試片用途選用適宜之試片種類。

6–1–4 說明

一、鋼筋混凝土所使用之鋼筋，區分為光面鋼筋與竹節鋼筋，光面鋼筋包括 SR240 與 SR300，至於竹節鋼筋則有 SD280、SD280W、SD420、SD420W 與 SD490 等五種，當鋼筋須進行銲接加工處理時，宜選用具銲接性之 SD280W 與 SD420W。

二、使用平爐、轉爐或電爐加以製煉鋼胚，且經熱軋加工製造者，稱之為熱軋鋼筋，若依熱處理方式控制冷卻速率，同時，對已經過淬火熱處理之鋼筋表面，利用鋼筋餘熱，進行回火熱處理所製造之鋼筋，稱之為熱處理鋼筋或水淬鋼筋。

三、鋼鐵材料之化學成分、熱處理方式與機械加工製程等，皆將影響其微結構與材料特性，包括物理、熱學與力學性質等，所以，針對土木建築工程上大量使用之鋼鐵材料，必須藉由相關試驗量測材質，加以檢驗是否符合設計上之標準。

四、竹節鋼筋於混凝土中之功能角色為加強材 (Reinforcement)，所以，大多數竹節鋼筋主要承擔拉應力作用，另外，鋼鐵材料抗壓試驗所能量測獲得之材料特性，亦可由鋼鐵材料之拉伸試驗量測結果獲得，因此，土木建築常使用之竹節鋼筋或鋼板等，皆可藉由拉伸試驗以量測獲得其相關材料特性。

五、鋼鐵材料之拉伸試驗，乃先製作具某一特定規格之拉伸試樣，確保其於

拉伸試驗過程中，承受一均布拉應力作用，再將拉伸試樣放置於一萬能試驗機中，藉由上下端夾具穩固捉緊拉伸試樣，啟動荷重元開關，於拉伸試樣兩端各施加一均勻拉應力，持續增加拉應力，直至試樣產生斷裂為止，同時，記錄拉伸試驗過程中，拉伸試樣所承受之拉應力與所造成之拉應變，進而獲得此拉伸試樣之應力應變曲線 (Stress-strain curve) 圖形。

六、鋼鐵材料拉伸試驗通常使用啞鈴形之試片，其中，拉伸試片中間內縮、剖面縮減但具均勻斷面積之部位，稱之為試片平行部 (Gauge length)，一般拉伸試驗於試片平行部發生拉力斷裂破壞。試片標點距離，係指位於試片平行部範圍內，試片表面上兩標點間之距離，用以量測試片延伸率之初始基準長度與斷裂後長度。夾端乃指試片上供試驗夾具夾持之部分，若拉伸試驗時夾具所施加壓力過量，於試片夾端發生應力集中所造成之斷裂破壞，如此試驗結果應捨棄之，另外，將試片裝置於萬能試驗機上時，兩夾具間未受束縛部分之試片長度，稱之為夾距。

七、藉由拉伸試驗所量測獲得之應力應變曲線，可決定拉伸試樣之各種力學特質，包括彈性模數 (Elastic modulus)、降伏強度 (Yielding strength)、抗拉強度 (Tensile strength)、延伸率 (Elongation percentage) 與斷面縮減率 (Reduction in area) 等，不同材質之鋼鐵材料，其拉伸試樣之應力應變曲線圖形可能差異甚大，亦即可試驗量測獲得不同之降伏強度、抗拉強度、伸長率與斷面收縮率等材質。

八、圖 6–2 所示為鋼鐵材料之一典型應力應變曲線圖，縱軸為拉伸試驗過程中任一瞬間，試樣所承受拉力除以其斷面積所求得之拉應力 σ，橫軸則為拉伸變位除以拉伸試樣長度所求得之拉應變 ε，通常較具延展性之鋼鐵材料試樣，其試驗量測所獲得之應力應變曲線，如圖 6–2 中材料 I 所代表之曲線圖形，若屬較具脆性之鋼鐵材料試樣，其試驗量測所得之應

力應變曲線，則如圖 6–2 中材料 II 所代表之曲線圖形。

九、圖 6–2 中 P 點以下至原點間，應力應變曲線為一直線關係，代表拉應變隨拉應力線性變化，此現象符合虎克定律，一般將 P 點稱之為比例限度 (Proportional limit)。當所施加拉力小於圖 6–2 中之 E 點，則將拉應力卸載後，拉伸試樣能立刻回復原先形狀，亦即拉應力為零時，拉應變亦為零，所以，E 點可稱之為彈性限度 (Elastic limit)，表示當試樣所承受拉應力小於 E 點時，試樣之材料力學性質屬於彈性 (Elasticity) 範圍內，拉應力與所對應拉應變之比值為一定值，稱之為彈性模數，若所承受拉應力高於 E 點者，則外力除去後，無法完全恢復原始形狀與尺寸，呈現永久變形。雖然，比例限度 P 與彈性限度 E 之定義不同，但對大部分線彈性材料而言，實際上兩者非常接近，通常可假設相同不必加以區別。

十、當拉伸試樣所承受之拉應力，達到圖 6–2 中之 A 點時，於保持相同拉應力作用下，發現試體之拉應變持續增加，此時，拉伸試樣已產生降伏 (Yielding) 現象，所以，圖中 A 點乃是發生降伏現象前，試樣所能承受之最大拉應力，可稱之為降伏強度或降伏點 (Yield point)，當試樣所承受拉應力高於 A 點者，試樣之材料力學性質屬於進入塑性 (Plasticity) 範圍內，則拉應力除去後無法恢復原始形狀，呈現塑性變形。至於較脆性之鋼鐵材料，其應力應變曲線如圖 6–2 中之材料 II 所代表者，無法於圖中之應力應變曲線，決定一明顯之降伏強度或降伏點，因此，另採用一驗證強度 (Proof stress) 以代替降伏強度，例如，所謂 0.2% 驗證強度，乃是指所承受拉應力卸載後，將造成 0.2% 塑性拉應變，此時，試樣所承受之拉應力即為其 0.2% 驗證強度，通常簡寫成 $\sigma_{0.2\%}$，由於其數值非常接近降伏強度，因此，可用以代替脆性鋼鐵材料之降伏強度。

十一、當拉伸試樣所承受之拉應力高於降伏強度時，試樣於相同拉應力作用下仍持續變形，此時，試樣已進入塑性平緩區 (Plastic plateau)，待持

續變形達某一程度後，試樣產生應變硬化 (Strain hardening) 現象，亦即試樣所承受之拉應力須些許提高，方能持續產生拉應變，最後，試樣所能承受之拉應力達到一最高值，如圖 6–2 中之 M 點，稱之為極限抗拉強度 (Ultimate tensile strength) 或抗拉強度 (Tensile strength)，此時，試樣剖面產生頸縮 (Necking) 現象，乃試樣於某一斷面處開始朝內凹陷，因斷面積快速減少，導致試體所能承受之拉應力急遽降低，終至試樣產生剖面拉力斷裂破壞 (Rupturing) 為止，如圖 6–2 中之 R 點。由於拉伸試樣之初始斷面積已知且為一固定值，所以，藉由試驗量測獲得之極限抗拉強度，乘以試樣之初始斷面積，可計算求得此試樣於產生拉力斷裂破壞前所能承受之最大拉力。

十二、拉伸試樣產生拉力斷裂破壞後，由於試樣已斷裂為二，此兩個已斷裂半邊試樣所承受之拉應力即刻歸零，亦即部分彈性變形將瞬時回復，此時，將兩個半邊試樣合併緊密連接，可量測獲得試樣經塑性變形後之試樣長度，然後，計算試樣於塑性變形前後之長度差，此乃試樣之塑性總變形量，其與試樣初始長度之比值，稱之為延伸率或伸長率 (Strain after fracture)。另外，試樣於產生頸縮現象直至拉力斷裂破壞前，其剖面之斷面積持續縮減，所以，將試樣產生塑性變形前後之剖面斷面積差值，除以試樣剖面之初始斷面積，可獲得此試樣之面積縮減率。不論延伸率或面積縮減率，皆可用以代表試樣於拉力斷裂破壞前所吸收之塑性能量多寡，具有較高延伸率或面積縮減率者，其所吸收之塑性能量較高，所以，具有較佳之延展性與韌性。

6–1–5　試驗步驟

一、試樣準備與尺度檢驗：

   1.採用目視方法，檢視竹節鋼筋試樣表面及其與竹節接縫處，是否產生

裂痕、鏽蝕、嚴重扭曲或變形等，若發現上述缺陷之試樣，應捨棄之並重新取樣。

2. 將竹節鋼筋試樣放置於 V 形工作臺上，使用數位式游標卡尺量測竹節鋼筋試樣之節距、節高與間隙寬度，須精準至 0.1 mm。其中，於竹節鋼筋間隙或脊之兩側，先量測任取連續 10 節之距離，再除以所對應節距數，將兩側所量測獲得之節距加以平均之，即可求得竹節鋼筋試樣之平均節距。同時，量測任意 5 節，任一節上四等分點上 3 點節高，將兩側所量測獲得共計 30 點節高平均之，即為竹節鋼筋試樣之平均節高。然後，量測連續 10 個以上相對節端點線間之垂直距離，將兩側所量測獲得共計 20 個以上之間隙寬度平均之，求得竹節鋼筋試樣之平均間隙寬度。

3. 使用切割機將竹節鋼筋試樣兩端點切平，放置於 V 形工作臺上，以鋼直尺量測竹節鋼筋試樣之總長度，須精準至 1 mm，並將其記錄為 L (m)。

4. 使用天秤或電子秤，量測竹節鋼筋試樣之質量，須精準至 1 g 且記錄為 W (kg)。

5. 若使用竹節鋼筋試樣，先計算其單位質量 $\dfrac{W}{L}$ (kg / m)，然後，依據表 6–1 所列竹節鋼筋之單位質量與標稱尺度，可獲得竹節鋼筋試樣剖面之初始斷面積，並記錄為 A_0 (mm²)，若使用鋼板啞鈴形試樣，則以數位式游標卡尺，量測試樣平行部剖面之初始斷面積 A_0。

6. 將竹節鋼筋試樣一端塗上油墨，然後，於一白紙上滾動一圈，使用量角規，量測白紙上油墨印中節與線形成之銳角，即為此竹節鋼筋試樣之夾角。

7. 於竹節鋼筋試樣表面上，或鋼板啞鈴形試片之平行部，依規定尺度選

定標點後，使用打點針或標點器標定兩標點，並以奇異筆繪線以為記號，使能清楚觀察量測兩標點線，再以數位式游標卡尺，量測試樣表面上兩標點之初始距離，並記錄為 ℓ_0 (mm)。根據 CNS 2112 規定，竹節鋼筋試樣之標稱直徑 D 小於 25 mm 者（#8 號鋼筋以下），兩標點間距離 ℓ_0 為 8D，標稱直徑 D 等於或大於 25 mm 者（#8 及 #8 號鋼筋以上），標點距離 ℓ_0 縮減為 4D。

▨ 表 6–1　竹節鋼筋之單位質量與標稱尺度

竹節鋼筋稱號	標示代號	單位質量 (kg／m)	標稱直徑 (mm)	標稱剖面積 (cm²)	標稱周長 (cm)	節之尺度			
						節距平均值	節之高度		單一間隙寬度
						最大值 (mm)	最小值 (mm)	最大值 (mm)	最大值 (mm)
D10	3	0.560	9.53	0.7133	3.0	6.7	0.4	0.8	3.7
D13	4	0.994	12.7	1.267	4.0	8.9	0.5	1.0	5.0
D16	5	1.56	15.9	1.986	5.0	11.1	0.7	1.4	6.2
D19	6	2.25	19.1	2.865	6.0	13.3	1.0	2.0	7.5
D22	7	3.04	22.2	3.871	7.0	15.6	1.1	2.2	8.7
D25	8	3.98	25.4	5.067	8.0	17.8	1.3	2.6	10.0
D29	9	5.08	28.7	6.469	9.0	20.1	1.4	2.8	11.3
D32	10	6.39	32.2	8.143	10.1	22.6	1.6	3.2	12.6
D36	11	7.90	35.8	10.07	11.3	25.1	1.8	3.6	14.1
D39	12	9.57	39.4	12.19	12.4	27.6	2.0	4.0	15.5
D43	14	11.4	43.0	14.52	13.5	30.1	2.1	4.2	16.9
D50	16	15.5	50.2	19.79	15.8	35.1	2.5	5.0	19.7
D57	18	20.2	57.3	25.79	18.0	40.1	2.9	5.8	22.5

二、萬能試驗機之準備：

1.啟動萬能試驗機開關，使其熱機約 15 分鐘。

2.推估竹節鋼筋試樣之抗拉強度，選擇萬能試驗機之適宜最小荷重範圍，

旋轉油壓調整閥，使荷重歸零。

3. 將荷重、變形量圖之自動記錄用紙，固定安置於記錄器上，或啟動資料擷取系統，以讀取並儲存竹節鋼筋抗拉試驗過程中，所施加拉載重與相對應變位量。

4. 根據 CNS 2112 規定，竹節鋼筋試樣之夾距位置，與標點位置之距離，約為一個標稱直徑 D，使用奇異筆，於試樣兩端夾距位置繪線以為記號，然後，啟動上端夾具，於夾距位置夾緊試樣，再啟動下端夾具，於另一夾距位置夾緊試樣，將試樣上下端裝妥於萬能試驗機之上下夾具中。

三、拉伸試驗之進行：

1. 控制萬能試驗機之送油閥，徐徐增加拉力荷重，採用調整應力增加率以控制拉伸速度，依據 CNS 2111 規定，拉伸試驗過程前半段須保持應力增加率之均勻一致性，且應將其設定介於 $0.3 \sim 3 \ kgf / mm^2 . sec$ 之間。

2. 於拉伸試驗過程中，當萬能試驗機之荷重指針，或資料擷取系統所顯示之拉力值，產生瞬間停滯不動現象，此乃拉伸試樣已發生降伏現象，讀取此時荷重指針或資料擷取系統中之拉力值，並記錄為 F_Y (kgf)，此乃拉伸試樣於產生降伏時所承受之拉力。另外，部分拉伸試樣於發生降伏現象時，剛開始荷重指針停止或倒退，此時發生降伏初始瞬間，所讀取指針數值可視為上降伏點之拉荷重，若持續進行拉伸試驗，試驗機荷重指針漸次倒退直至一穩定值後，此時荷重指針讀數可視為下降伏點之拉荷重，將上下降伏點拉荷重值平均之，即為此拉伸試樣之降伏拉力值。

3. 拉伸試驗於達到降伏點後，改採調整應變增加率以控制拉伸速度，依據 CNS 2111 規定，拉伸試驗後半段之應變增加率，須將其設定介於

20～80% / min 間，直至拉伸試樣產生拉力斷裂破壞為止，然後，緩慢解除萬能試驗機之油壓，並讀記拉伸試樣於產生拉力斷裂破壞前所能承受之最大拉荷重 F_{UTS} (kgf)。

4. 將已斷裂成兩半邊之拉伸試樣，分別由上下端夾具中取下，將此二個已斷裂半邊試樣重新緊密接合，再使用數位式游標卡尺，量測試樣表面上兩標點間之最終距離，並記錄為 ℓ_f (mm)，同時，量測二個半邊試樣於發生斷裂處剖面之平均斷面積，並記錄為 A_f (mm^2)。

6–1–6 計算公式

一、單位質量 $(\text{kg} / \text{m}) = \dfrac{W}{L}$ （6–1–1）

式中 W: 竹節鋼筋試樣之質量 (kg)。

L: 竹節鋼筋試樣之總長度 (m)。

二、降伏強度 $\sigma_Y = \dfrac{F_Y}{A_0}$ （6–1–2）

式中 σ_Y: 竹節鋼筋試樣之降伏強度或降伏點 (kgf / mm^2)。

F_Y: 竹節鋼筋試樣於產生降伏時所承受之拉力 (kgf)。

A_0: 竹節鋼筋試樣剖面之初始斷面積 (mm^2)。

三、極限抗拉強度或抗拉強度 $\sigma_{UTS} = \dfrac{F_{UTS}}{A_0}$ （6–1–3）

式中 σ_{UTS}: 竹節鋼筋試樣之極限抗拉強度或抗拉強度 (kgf / mm^2)。

F_{UTS}: 竹節鋼筋試樣於產生拉力斷裂前所能承受之最大拉力 (kgf)。

A_0: 竹節鋼筋試樣剖面之初始斷面積 (mm^2)。

四、延伸率或伸長率 $EL = \dfrac{\ell_f - \ell_0}{\ell_0} \times 100$ (%) （6–1–4）

式中 EL: 竹節鋼筋試樣之延伸率或伸長率 (%)。

ℓ_f：竹節鋼筋試樣產生拉力斷裂破壞後，將二個已斷裂半邊試樣重新緊密接合，再量測試樣上兩標點間之最終距離 (mm)。

ℓ_0：竹節鋼筋試樣兩標點間之初始距離 (mm)。

五、斷面縮減率 $RA = \dfrac{A_0 - A_f}{A_0} \times 100\%$ $\qquad\qquad$ (6–1–5)

式中 RA：竹節鋼筋試樣之斷面縮減率 (%)。

A_f：竹節鋼筋試樣產生拉力斷裂破壞後，將二個已斷裂半邊試樣緊密接合，再量測二個半邊試樣於發生斷裂處剖面之平均斷面積 (mm^2)。

A_0：竹節鋼筋試樣剖面之初始斷面積 (mm^2)。

6–1–7　注意事項

一、拉伸試樣之降伏強度與抗拉強度等，皆將隨拉伸速度不同而改變，所以，於進行竹節鋼筋試樣拉伸試驗時，試驗過程前半段須設定應力增加率介於 $0.3 \sim 3\ \mathrm{kgf/mm^2.sec}$ 間，後半段須設定應變增加率介於 $20 \sim 80\% / \min$ 間，不論試驗過程前後半段，皆應保持拉伸速度之均勻一致性。

二、所選取之竹節鋼筋試樣，於外觀尺度檢驗或拉伸試驗進行前，宜先對試樣外觀目視檢查，若於竹節鋼筋試樣表面或接縫處，發現裂痕與鏽蝕等缺陷，應停止試驗並額外取樣，另外，不同熱處理與機械加工製程，皆將影響鋼筋之力學性質，應避免不必要之部分變形或加熱，否則可能造成試驗結果之誤差。

三、若竹節鋼筋試樣屬於高強度低韌性者，由於材質硬度高且對標點凹痕敏感，不易使用打點針或標點器標定兩標點，或具凹痕之標點可能因應力集中，導致裂縫快速擴展之脆性破壞，因此，應使用適當塗料，於標點處塗抹一薄層塗料後，再加以劃線標明標點。

四、拉伸試驗量測獲得之應力與應變曲線圖上，一般無法直接判定試樣之彈性限度與比例限度，但通常存在一明顯之降伏點與最高應力點，亦即可明確求得試樣之降伏強度與極限抗拉強度，若試樣屬高強度低韌性者，可能並無明確之降伏點，此時，可由應力與應變曲線圖上決定 0.2% 驗證強度 $\sigma_{0.2\%}$，再用以代替其降伏強度。

五、當拉伸試片之形狀尺寸，以及萬能試驗機上下夾具載重形式等配置，皆符合規範標準與規定條件下，通常拉伸試片中央平行部應力較高且伸長量較大，因此，拉力斷裂處應發生於試片平行部範圍內，上下兩端與夾具接觸處之剖面斷面積較大，應力較小且變形量較小，因此，當拉力斷裂處發生於試片平行部中央 $\frac{1}{3}$ 範圍內者，所量測獲得之試驗結果仍屬有效，惟若拉力斷裂處發生於試片平行部中央 $\frac{1}{3}$ 以外者，則須另行取樣再重新進行拉伸試驗。

六、啟動上下端夾具，於適當夾距位置夾緊試樣時，若夾具所施加壓力過量，易於試樣夾端發生不正常之斷裂破壞，若夾具所施加壓力太低，則試樣與夾具之界面摩擦力太小，易造成試驗過程中試樣之滑脫，所以，應選用適宜之夾具，同時，小心將試樣裝置於萬能試驗機之上下夾具中，使得荷重元施力方向與試樣中心軸方向吻合一致，否則可能形成額外彎矩作用，導致其他未能預期之破壞型式。

七、量測竹節鋼筋試樣之尺度或標點距離時，可使用數位式游標卡尺或其他適當之量尺，須精準至規定尺度之 0.1% 以上，但量測低於 100 mm 之尺度時，則須精準至 0.1 mm。

八、當拉伸試驗所量測獲得之實測抗拉強度，低於最小抗拉強度標準值 14 N / mm^2 以內時，或實測降伏強度低於最小降伏強度標準值 7 N / mm^2 以內時，或實測降伏強度高於最大降伏強度標準值 7 N / mm^2 以內時，或

延伸率低於最小延伸率標準值 2% 以內時，皆須重新進行拉伸試驗。

6–1–8　試驗成果報告範例

　　取樣三支竹節鋼筋進行拉伸試驗，分別屬於 D19、D16、D13 之竹節鋼筋試樣，目視檢查試樣表面及其與竹節接縫處，並無裂痕或鏽蝕等缺陷，使用游標卡尺，量測竹節鋼筋試樣之節距、節高與間隙寬度，分別為 (11.9, 1.1, 3.6)、(10.4, 0.8, 3.2)、(8.1 mm, 0.6 mm, 2.8 mm)，另外，竹節鋼筋試樣之夾角皆是 70 度。量測各竹節鋼筋試樣之長度 L，分別為 1.121、1.214、1.098 m，量稱竹節鋼筋試樣之質量 W，分別為 2.552、1.863、1.086 kg，竹節鋼筋試樣剖面之初始斷面積 A_0，分別採用其標稱剖面積為 2865、1986、1267 m m^2，竹節鋼筋試樣表面上兩標點之初始距離 ℓ_0，分別為 152.8、127.2、101.6 mm，經拉伸試驗量測獲得各竹節鋼筋試樣之降伏拉力值 F_Y，分別為 144547、77573、45579 kgf，拉伸試樣於產生拉力斷裂破壞前所能承受之最大拉荷重 F_{UTS}，分別為 191855、109346、68185 kgf，此時，試樣表面上兩標點間之最終距離 ℓ_f，分別為 191.7、154.8、124.2 mm，已斷裂試樣於發生斷裂處剖面之平均斷面積 A_f (mm^2)，分別為 2284、1638、1028 mm^2。試驗室溫度為 22.5°C 且相對溼度為 78%，則此竹節鋼筋拉伸試驗成果報告如下。

竹節鋼筋拉伸試驗

試樣編號： 竹節鋼筋-01-03　　試驗室溫度： 22.5°C

取樣日期： 102 年 12 月 8 日　　相 對 溼 度： 78%

試驗日期： 102 年 12 月 15 日　　試 驗 者： ×××

項目	試件編號與稱號		
	001-D19	002-D16	003-D13
竹節鋼筋試樣之節距 (mm)	11.9	10.4	8.1
竹節鋼筋試樣之節高 (mm)	1.1	0.8	0.6
竹節鋼筋試樣之間隙寬度 (mm)	3.6	3.2	2.8
竹節鋼筋試樣之夾角 （度）	70	70	70
竹節鋼筋試樣之長度 L (m)	1.121	1.214	1.098
竹節鋼筋試樣之質量 W (kg)	2.552	1.863	1.086
竹節鋼筋試樣之初始斷面積 A_0 (mm^2)	2865	1986	1267
試樣表面上兩標點之初始距離 ℓ_0 (mm)	152.8	127.2	101.6
竹節鋼筋試樣之降伏拉力值 F_Y (kgf)	144547	77573	45579
試樣斷裂前所承受之最大荷重 F_{UTS} (kgf)	191855	109346	68185
試樣表面上兩標點之最終距離 ℓ_f (mm)	191.7	154.8	124.2
試樣於斷裂處剖面之斷面積 A_f (mm^2)	2284	1638	1028
竹節鋼筋試樣之單位質量 $= \dfrac{W}{L}$ (kg / m)	2.277	1.535	0.989
試樣降伏強度 $\sigma_Y = \dfrac{F_Y}{A_0}$ (kgf / mm^2)	50.45	39.06	35.97
試樣抗拉強度 $\sigma_{UTS} = \dfrac{F_{UTS}}{A_0}$ (kgf / mm^2)	66.97	55.06	53.82
試樣延伸率 $EL = 100 \times \dfrac{(\ell_f - \ell_0)}{\ell_0}$ (%)	25.46	21.70	22.24
試樣斷面縮減率 $RA = 100 \times \dfrac{(A_0 - A_f)}{A_0}$ (%)	20.28	17.52	18.86

■ 圖 6–1   竹節鋼筋拉伸試驗之萬能試驗機

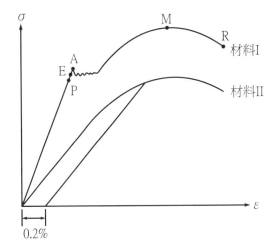

■ 圖 6–2   不同鋼鐵材料之應力應變曲線示意圖

6-2 竹節鋼筋彎曲試驗
(Test for Bending of Steel Bars for Concrete Reinforcement)

6-2-1 參考資料及規範依據

CNS 560 鋼筋混凝土用鋼筋。

CNS 3940 金屬材料彎曲試驗試片。

CNS 3941 金屬材料彎曲試驗法。

CNS 3300 鋼筋混凝土用再軋鋼筋。

ASTM E16 Method of free bend test for ductility of welds。

ASTM A370 Standard test methods and definitions for mechanical testing of steel products。

6-2-2 目的

　　鋼鐵材料於發生降伏現象後，若持續施加拉力直至抗拉強度，甚至產生拉力斷裂破壞後，其所吸收之塑性能量或所能承受之延伸率，皆可用以代表此鋼鐵材料之延展性或韌性，具良好延展性之鋼鐵材料，其塑性彎曲加工性能較佳，亦即鋼鐵材料經加工外力作用，產生大量塑性彎曲變形後，並未形成任何裂紋或孔隙等缺陷，例如，竹節鋼筋彎鉤表面並無任何橫向裂紋。由於鋼鐵材料之延展性或韌性，將因不同含碳量、熱處理或機械加工製程而改變，因此，必須檢驗鋼鐵材料之延展性，是否符合結構設計上所需要求與標準。本試驗法主要檢驗竹節鋼筋或鋼板試片，於常溫或低溫下之塑性彎曲加工性能，藉以判定其品質與彎曲加工性能之優劣，進而了解其對發生斷裂、

裂痕及其他缺陷之抵抗能力，以及銲接加工處理對竹節鋼筋或鋼板韌性之可能影響。

6-2-3　試驗儀器及使用材料

一、儀器：

1. 油壓式萬能試驗機：如圖 6-1 所示之油壓式萬能試驗機，其規格與前述鋼筋拉伸試驗所使用者相同，可用以將放置於兩支點上之竹節鋼筋試樣或鋼板試片，加以彎曲成具一特定彎曲角度與內半徑之構件。

2. 鋼筋捲彎機或彎曲裝置：如圖 6-3 所示，可將竹節鋼筋試樣或鋼板試片，彎曲至規定內側半徑之特殊裝置與相關附件。

3. 壓頭或轉子：如圖 6-3 所示，裝置於萬能試驗機或鋼筋捲彎機內，用以對試樣施壓使其彎曲，壓頭一端之半徑，等於試樣彎曲之內半徑，其長度須大於試樣寬度，至於圓形轉子之半徑，等於試樣彎曲之內半徑。

4. 切割機：用以切平竹節鋼筋試樣兩端點。

5. V 形工作臺。

6. 數位式游標卡尺或鋼直尺等。

7. 天秤或電子秤。

8. 量角器。

二、材料：

1. 竹節鋼筋試樣取自原成品之鋼筋，每一支竹節鋼筋試樣，僅能切取一個彎曲試驗所需之試片，裁切彎曲試樣時，應避免產生高溫影響試驗結果。彎曲試驗所選用之竹節鋼筋試樣，必須與拉伸試驗所選用之試樣，切取自同一支竹節鋼筋。

2. 彎曲試驗所使用之鋼板彎曲試片，依 CNS 3940 金屬材料彎曲試驗規定，可選用第 1 號、第 2 號與第 5 號等三種不同試片，根據各試片之形狀、尺寸與相關規定，第 1 號試片主要應用於鋼板及型鋼之彎曲試驗，第 2 號試片主要應用於棒鋼及非鐵金屬棒之彎曲試驗，至於第 5 號試片則主要應用於鍛鋼品及鑄鋼品之彎曲試驗。

3. 竹節鋼筋試樣或鋼板試片，應取足夠數量且具代表性者。同一爐號之竹節鋼筋，若其標稱直徑差值未達 10 mm 者，可視為同一組，取樣一支竹節鋼筋試樣即可，惟若同一爐號之竹節鋼筋總重超過 50 噸，每增加或不足 50 噸，每一組皆須額外取樣一支。

6–2–4　說明

一、部分鋼鐵材料經淬火處理或冷軋加工後，降伏強度與抗拉強度皆大幅提升，導致其延展性與韌性急遽降低，由於無法僅由拉伸試驗結果，加以判別其承受彎曲力作用時之延展性，因此，採用材料力學中彈性梁之撓曲變位原理，於鋼鐵材料所製成梁之跨度中央處，垂直施加一集中荷重，如此，此鋼鐵梁於其中央處產生最大變位量，稱之為撓度，若持續施加荷重，直至產生塑性降伏破壞，此時，鋼鐵梁底部距剖面中性軸最遠處已發生降伏現象，當所累積之塑性應變量足夠大時，將造成鋼鐵梁底部表面生成裂紋或孔洞。

二、上述有關鋼鐵梁之撓曲變位與塑性降伏破壞，即為彎曲試驗之力學原理與依據，因此，竹節鋼筋或鋼板彎曲試驗之主要目的，乃在於了解竹節鋼筋或鋼板之塑性加工性能，藉由施加撓曲荷重，將其彎曲至某一規定角度，例如，將原先平直之竹節鋼筋或鋼板，轉折成 180° 或 90°，然後，檢視竹節鋼筋或鋼板彎曲部位之外側表面，是否生成橫向裂痕或其他缺陷等，加以判斷此竹節鋼筋或鋼板之延展性與塑性加工性能。

三、鋼鐵材料之延展性與韌性，除熱處理與加工製程外，其含碳量與含磷量亦是重要影響因子，針對具較高含碳量之脆性鑄鐵等，若僅施作拉伸試驗，則不易由試驗結果正確判別其塑性加工性能，因此，一般採用抗彎試驗，亦即使用矩形、方形或圓形剖面之試樣，將其兩端固定或穩固支撐，然後，於中央處施加一集中荷重，量測試樣產生撓曲破壞時所能承受之最大集中荷重，進而計算獲得試樣之抗彎強度，同時，所對應之最大撓度，可用以代表試樣之延展性或韌性。

四、彎曲試驗乃直接施加一撓曲荷重，將試樣轉折成一特定角度與內半徑之形狀，藉由彎曲部分外側表面是否造成開裂等現象，判別鋼鐵材料之延展性，若施作於具脆性之鑄鐵與超硬合金等，通常又可稱之為抗彎試驗，若施作於具延展性之各種鋼材，則可稱之為冷彎試驗，冷彎試驗乃係於常溫或低溫下進行者。

五、彎曲試驗所使用之竹節鋼筋或鋼板試樣，可直接使用原先鑄造狀態者，不需經任何加工處理，但若為調整試樣形狀與尺寸，於容許誤差範圍內可施以機械加工處理，試樣剖面為方形、矩形、圓形或橢圓形斷面等皆可，惟試樣長度須為其直徑或厚度 18 倍以上者較佳。

六、當竹節鋼筋或鋼板試樣進行彎曲試驗時，其彎曲部分外側表面距剖面中性軸最遠處，所生成之塑性應變量與試樣剖面厚度呈現正比關係，但是，其與所轉折成形狀之內側半徑卻呈現反比關係。

6–2–5　試驗步驟

一、使用切割機切取竹節鋼筋試樣，用於捲彎機所需之試樣長度，隨竹節鋼筋種類與稱號不同而改變，針對 SD280 與 SD420 之竹節鋼筋而言，所需試樣長度隨稱號增大而增長，例如，SD420 竹節鋼筋稱號 D10 者，所需試樣長度為 71 cm 以上，稱號 D36 者，其試樣長度則增長至 100 cm 以上，通常切取約 1 m 之竹節鋼筋試樣，即可符合規範之規定。

二、檢視竹節鋼筋試樣外觀，確認表面並無任何裂紋或其他缺陷，然後，將其放置於 V 形工作臺上，使用游標卡尺量測試樣之長度 L (m)、節距、節高與間隙寬度等，再將試樣塗上油墨後置於白紙上滾動，使用量角器量測此竹節鋼筋試樣之節線夾角，最後，使用電子秤量稱竹節鋼筋試樣之質量 W (kg)。

三、依據竹節鋼筋試樣之稱號尺寸，選取一適當彎曲直徑之轉子，按 CNS 3941 規範之規定與角度，將轉子安裝於捲彎機上，先固定竹節鋼筋試樣其中一端，調整試樣於捲彎機上之放置點，使其經捲彎機加載施作後，於中間部分彎折成所規定之彎鉤形狀。

四、彎曲轉子與竹節鋼筋試樣皆安裝完成後，將捲彎機頂部安全護網蓋上，啟動捲彎機開關並驅動彎曲踏板，將竹節鋼筋試樣另一端沿轉子圓軸彎曲 180 度，然後，關閉捲彎機開關且移除安全護網，將已彎曲之竹節鋼筋試樣取出，檢視試樣中間彎曲部分之外側表面，是否發生橫向裂紋、龜裂、裂痕或其他缺陷。

6-2-6　計算公式

$$試樣之單位質量 \, (kg / m) = \frac{W}{L} \qquad\qquad (6\text{-}2\text{-}1)$$

式中 W: 竹節鋼筋試樣之質量 (kg)。

　　　L: 竹節鋼筋試樣之長度 (m)。

6-2-7　注意事項

一、裁切竹節鋼筋或鋼板之彎曲試樣,應避免不必要之扭曲變形或高溫加熱,否則將影響試驗結果之正確性。

二、竹節鋼筋或鋼板試樣之彎曲內側直徑,須視試樣厚度或直徑不同而異,至於試樣之彎折角度,則須視試樣材質、厚度與直徑不同而異,另外,於進行彎曲試驗過程中,試驗室溫度宜保持於 5°C∼35°C 之間。

三、鋼筋混凝土用再軋光面鋼筋與再軋竹節鋼筋之彎曲試驗,依 CNS 3300 之規定,試樣彎曲直徑為其標稱直徑之 3 倍,彎曲角度應符合 180° 之標準。

四、竹節鋼筋或鋼板試樣之彎曲試驗,亦可採用壓彎法進行之,壓彎試驗時,兩載重支撐點與壓彎工具之中心軸線必須平行,壓彎工具與試樣接觸面,可塗上一薄層潤滑油,所選用壓彎工具頂端之圓柱面半徑,須與彎折試驗所規定之內側半徑相同,而且圓柱面長度須大於試樣寬度。

6-2-8 試驗成果報告範例

取樣三支竹節鋼筋進行彎曲試驗,分別屬於 D19、D16、D13 之竹節鋼筋試樣,目視檢查試樣表面及其與竹節接縫處,並無裂痕或鏽蝕等缺陷,使用游標卡尺量測試樣之節距、節高與間隙寬度,分別為 (11.9, 1.1, 3.6)、(10.4, 0.8, 3.2)、(8.1 mm, 0.6 mm, 2.8 mm),另外,竹節鋼筋試樣之夾角皆是 70 度。量測各竹節鋼筋試樣之長度 L,分別為 1.121、1.214、1.098 m,量稱竹節鋼筋試樣之質量 W,分別為 2.552、1.863、1.086 kg,經彎曲試驗檢視各竹節鋼筋試樣彎曲部分,其外表並無任何橫向裂縫。試驗室溫度為 21.5°C 且相對溼度為 70%,則此竹節鋼筋彎曲試驗成果報告如下。

竹節鋼筋彎曲試驗

試樣編號: 竹節鋼筋-01-03　　　　試驗室溫度: 21.5°C

取樣日期: 102 年 12 月 18 日　　相 對 溼 度: 70%

試驗日期: 102 年 12 月 22 日　　試　驗　者: ×××

項目	試件編號與稱號		
	001-D19	002-D16	003-D13
竹節鋼筋試樣之節距 (mm)	11.9	10.4	8.1
竹節鋼筋試樣之節高 (mm)	1.1	0.8	0.6
竹節鋼筋試樣之間隙寬度 (mm)	3.6	3.2	2.8
竹節鋼筋試樣之夾角（度）	70	70	70
竹節鋼筋試樣之長度 L (m)	1.121	1.214	1.098
竹節鋼筋試樣之質量 W (kg)	2.552	1.863	1.086
竹節鋼筋試樣之單位質量 $\dfrac{W}{L}$ (kg／m)	2.277	1.535	0.989
彎曲試驗結果	無橫向裂縫	無橫向裂縫	無橫向裂縫

◤ 圖 6-3　竹節鋼筋試樣之捲彎機與彎曲裝置設備

參 考 文 獻

1. 黃忠信，土木材料，三民書局，1998。

2. 蔡攀鰲，瀝青混凝土，三民書局，1984。

3. 黃兆龍，混凝土材料品質控制試驗，詹氏書局，1995。

4. 劉康成，材料試驗法，專上圖書有限公司，1989。

5. 財團法人嘉農土木教育事務基金會，公共工程品質管理人員回訓班──土木工程材料試驗，2004。

6. 經濟部標準檢驗局，http://www.cnsonline.com.tw，中華民國國家標準 CNS 相關規範，2013。

親近科學的新角度！

生活無處不科學

潘震澤　著

◆ 科學人雜誌書評推薦
◆ 中國時報開卷新書推薦
◆ 中央副刊每日一書推薦

　　本書作者如是說：科學應該是受過教育者的一般素養，而不是某些人專屬的學問；在日常生活中，科學可以是「無所不在，處處都在」的！

　　且看作者如何以其所學，介紹並解釋一般人耳熟能詳的呼吸、進食、生物時鐘、體重控制、糖尿病、藥物濫用等名詞，以及科學家的愛恨情仇，你會發現——生活無處不科學！

兩極紀實

位夢華　著

◆ 行政院新聞局中小學生課外優良讀物推介

　　本書收錄了作者一九八二年在南極和一九九一年獨闖北極時寫下的科學散文和考察隨筆中所精選出來的文章，不僅生動地記述了兩極的自然景觀、風土人情、企鵝的可愛、北冰洋的嚴酷、南極大陸的暴風、愛斯基摩人的風情，而且還詳細地描繪了作者的親身經歷，以及立足兩極，放眼全球，對人類與生物、社會與自然、中國與世界、現在與未來的思考和感悟。

武士與旅人——續科學筆記

高涌泉　著

◆ 第五屆吳大猷科普獎佳作

　　誰是武士？誰是旅人？不同的風格　湯川秀樹與朝永振一郎是 20 世紀日本物理界的兩大巨人。對於科學研究，朝永像是不敗的武士，如果沒有戰勝的把握，便會等待下一場戰役，因此他贏得了所有的戰役；至於湯川，就像是奔波於途的孤獨旅人，無論戰役贏不贏得了，他都會迎上前去，相信最終會尋得他的理想。　本書作者長期從事科普創作，他的文字風趣且富啟發性。在這本書中，他娓娓道出多位科學家的學術風格及彼此之間的互動，例如特胡夫特與其老師維特曼之間微妙的師徒情結、愛因斯坦與波耳在量子力學從未間斷的論戰……等，讓我們看到風格的差異不僅呈現在其人際關係中，更影響了他們在科學上的追尋探究之路。

科學讀書人──一個生理學家的筆記

潘震澤　著

◆ 民國 93 年金鼎獎入圍，科學月刊、科學人雜誌書評推薦

「科學」如何貼近日常生活？這是身為生理學家的作者所在意的！透過他淺顯的行文，我們得以一窺人體生命的奧祕，且知道幾位科學家之間的心結，以及一些藥物或疫苗的發明經過。

另一種鼓聲──科學筆記

高涌泉　著

◆ 100 本中文物理科普書籍推薦，科學人雜誌、中央副刊書評、聯合報讀書人新書推薦

你知道嗎？從一個方程式可以看全宇宙！瞧瞧一位喜歡電影與棒球的物理學者筆下的牛頓、愛因斯坦、費曼……，是如何發現他們偉大的創見！這些有趣的故事，可是連作者在科學界的同事，也會覺得新鮮有趣的咧！

說數

張海潮　著

◆ 2006 好書大家讀年度最佳少年兒童讀物獎，2007 年 3 月科學人雜誌專文推薦

數學家張海潮長期致力於數學教育，他深切體會許多人學習數學時的挫敗感，也深知許多人在離開中學後，對數學的認識只剩加減乘除；因此，他期望以大眾所熟悉的語言和題材來介紹數學，讓人能夠看見數學的真實面貌。

人生的另一種可能
台灣技職人的奮鬥故事

　　本書由前教育部部長吳京主持，採訪了十九位由技職院校畢業的優秀人士。這十九位技職人，憑藉著他們在學校中所習得的知識，和其不屈不撓的奮鬥精神，在工作崗位、人生歷練、創業過程中，都獲得了令人敬佩的成就。誰說只能大學生才有出頭天，誰說只有名校畢業生才會有出息，從這些努力打拚的技職人身上，或許能讓你改變名校迷思，從而發現另一種台灣英雄的傳奇故事。

吳　京　主持
紀麗君　採訪
尤能傑　攝影

- 電玩大亨**王俊博**——穿梭在真實與夢幻之間
- 紅面番鴨王**田正德**——挖掘失傳古配方　名揚四海
- 快樂黑手**陳朝旭**——為人打造金雞母
- 永遠的學徒**林水木**——愛上速限十公里的曼波
- 傳統產業小巨人**游祥鎮**——用創意智取日本
- 自學高手**廖文添**——以實作代替空想
- 完美先生**張建成**——靠努力贏得廠長寶座
- 木雕藝師**楊永在**——為藝術當逐日夸父
- 拚命三郎**梁志忠**——致力搶救古文物
- 發明大王**鄧鴻吉**——立志挑戰愛迪生
- 回頭浪子**劉正裕**——從「極冷」追逐夢想
- 現代書生**曹國策**——執著當眾人圭臬
- 小醫院大總管**鄭琨昌**——重拾書本再創新天地
- 微笑慈善家**黃志宜**——人生以助人為樂
- 生活哲學家**林木春**——奉行兩分耕耘，一分收穫
- 折翼天使**李志強**——用單腳追尋桃花源
- 堅毅女傑**林文英**——用眼淚編織美麗人生
- 打火豪傑**陳明德**——不愛橫財愛寶劍
- 殯葬改革急先鋒**李萬德**——讓生命回歸自然